KB195804

시후 엄마, 김혜민 경찰입니다

시후 엄마, 김혜민 경찰입니다

지은이 김혜민

초판 1쇄 인쇄 · 2025년 2월 24일
초판 1쇄 발행 · 2025년 3월 4일

펴낸곳 / 홍 림
펴낸이 / 김은주
등록 / 제 409-251002010000027 호
주소 / 경기도 김포시 김포한강로4로 420번길 30 한강비즈나인 1509
전자우편 / hongrimpub@gmail.com
전화 / 0507-1357-2617
총판 / 비전북(031-907-3927)

시후 엄마, 김혜민 경찰입니다

김혜민 지음

홍림

일 러 두 기

1. 책은 『』로, 프로그램명은 < >로 구분했습니다.
2. 숫자는 음독을 기준하여 서수는 한글로, 기수는 아라비아 숫자로 표기했으며 거리나 무게 단위는 모두 한글로 표기했습니다.
3. 6장에 등장하는 인물들의 이름은 모두 가명을 사용했습니다.
4. 본문 중간중간 들어간 삽화는 책의 주인공인 박시후 군이 그린 그림입니다.

이 상 한 경 찰 관

곧게 뻗은 나무 끝에 파릇한 새싹이 봄볕을 만나 반짝이던 봄, 올곧은 나무의 나열 사이를 걸어 청와대 사랑채로 향했다. 연둣빛 잔디에 촉촉한 기운이 얹어 더해진 은은한 내음 덕분에 다가올 집회 현장을 순간 잊었다. 서둘러 근무복 깃을 바로 세우고 놓쳤던 긴장을 다시 끌어올렸다. 사랑채에 가까워질 때쯤 시야를 채운 것은 장벽처럼 굳건히 세워진 그들의 무대와 단호한 문구였다. 발달장애 국가책임제. 조금 전 걸어온 나의 걸음과 달리, 그곳은 혼잡한 시림으로 가득했다.

당혹스러운 마음을 들키지 않기 위해, 차가운 지지대 끝에 단단히 고정된 카메라를 움켜쥐고 두 다리에 힘을 줘 기준을 잡았다. 누구도 강요하지 않는 단단함이 그 순간 누구를 위해 이렇게 진중한지 알 수 없었다. 그럼에도 채증 카메라의 빨간색 REC 버튼을 켜, 수천 명의 집회참가자를 직시하던 시선을 카메라 네모 창으로 옮겼다. 그때 그녀가 눈에 들어왔다.

작은 상자를 무릎 위에 놓고 엉덩이를 의자 끝에 단단히 채운 그녀는 표정이 없었다. 무대 위 마이크를 잡은 주최측 사회자의 '투쟁' 발언과 동시에 낯선 기계음이 군중을 장악했다. 차갑고 날카로운 단면의 마찰음, 바로 이발기였다. 뒷머리부터 쓸어올려져 툭툭 잘려 나가는 머리칼은 정수리까지 타고 올라가 거뭇한 뭉텅이와 만나 무릎 위 상자에 툭 하고 떨어졌다.

무표정한 그녀는 애꿎은 상자를 못살게 굴었다. 눈에 힘을 줘 올라오는 무언가를 막으려 애쓰고 있었으나 부질없는 노력은 파르르 떨리는 그녀 눈가와 함께 무너졌다. 이내 그녀의 민낯이 카메라에 고스란히 담겼다. 그녀의 흔들리는 음성과 함께.

"내가 세상을 떠나도, 내 아이의 삶은 이어 나갈 수 있게 제도를 만들어 주세요."

이윽고 카메라를 줌아웃하여 시야를 넓혔다. 눈앞에 모인 수천 명을 작은 창에 다 넣지 못해, 왼쪽에서 오른쪽으로 천천히 옮겨 담았다. 누구 하나 설명하지 않았지만, 이상하고 낯선 그들은 발달장애가 있는 당사자와 부모임을 한눈에 알 수 있었다. 손에 들린 네모 창에 치열함이 가득해, 알 수 없는 불편함이 밀려들어 고개를 돌리고 말았다.

그리고 은행잎이 노랗게 물들던 그해 가을, 작디작은 네모 창의 당사자는 내가 되었다. 내가, 그녀가 되었다. 2018년 가을 아이의 다름을 인지하던 날, 무작정 휴직계를 제출했다. 그리고 마음이 조금 단단해진 2023년 여름 끝자락, 나는 다시 현장으로 돌아왔다.

최근 급증하는 발달장애 발병률처럼 내가 있는 현장에서도 그들을 쉽게 만났다. 복직한 첫날에도 기동대에 온 자폐 스펙트럼이 있는 아이를 보고 놀라 홀로 뒷걸음쳤었다. 되돌아 생각해 보면 그때의 난 경찰이기보다 장애 아이를 둔 부모에 더 가까웠던 것 같다. 그 후 수시로 접하는 날카로운 장애 당사자 관련 신고는 내게 비수로 돌아와 주저앉혔다.

새벽 출근길, 오늘이 마지막 근무라며 사직서를 품고 운전대를 잡곤 했었다. 그러나 아이에게 되돌아가는 퇴근길, 제출 못하고 여전히 품에 있는 사직서를 움켜쥔 채 스쳐가는 노을에 기대, 한동안 참 많이 울었다. 경찰과 장애 부모 사이에서 애매하게 서 있는 사람, 그게 나였다. 매일 맞이하는 무능함에 스스로를 고립시켰다.

　　　그리고 얼마 지나지 않아 다시 그녀를 만났다. 그러나 이번에 만난 그녀는 5년 전 그녀와 달랐다. 성인의 외형을 지녔으나 인지 기능이 세 살 어린아이에 머문 아들을 바라보며 더 이상 내일이 없다는 그녀는 출동경찰관 앞에서 자신의 아들과 함께 삶을 거두겠다고 절규했다. 그때, 불편함으로 고개를 돌려 모면하려 했던 5년 전의 그날이 주마등처럼 스쳤다. 내 눈가에 차오르는 눈물은 어쩌면 지난날에 대한 미안함이었을지도 모르겠다.

　그녀를 만난 날, 장애 부모의 입장보다 경찰로서 시야가 트이기 시작했다. 갑작스럽게 접수된 몇 줄의 112 신고를 접하고 현장 경찰관은 사이렌을 울리며 긴급히 달려갔다. 3분이라는 짧은 시간 내 순찰차 안에서 신고 이력 등 관련 정보를 확인하며 긴장감은 어느새 최고조에 올랐다. 그러나 맞닥뜨린 현장에서 우리가 할 수 있는 일은 매번 제한적이다. 고로 때론 허망하다. 그럼에도 감사한 것은, 우리가 도착했다는 사실만으로 안정을 찾는 신고자와 그들이 있다는 것이다. 그제야 그들은 자신의 지난 삶을 우리에게 터놓기 시작했다.

출동한 경찰에게 아이와 함께 죽겠다고 말하는 그녀의 호소는 어쩌면 살고 싶다고, 살려 달라는 반증이었을지도 모른다. 표면적으로 비춰진 그녀의 비상식적인 언행의 이유를 오직 아이의 장애와 무책임한 모성애로 단정 짓는 것은 성급한 오류다. 너그럽지 못한 타인의 시선, 끝을 알 수 없는 미래로 인한 막막한 두려움이 이들을 사회로부터 고립시키며 내몰고 있는 것이다. 부모는 아이의 장애만으로 죽음을 택하지 않는다.

5년 전 발달장애 국가책임제 집회 현장의 선두에 서서 수많은 장애 부모를 보았다. 그들은 무릎 꿇는 일에 망설임이 없었고 머리 깎는 일에 두려움이 없었다. 아스팔트의 뜨거운 열기에도, 까끌까끌하고 서슬 푸른 추위에도 주춤거리지 않았으며, 무릎과 머리를 바닥에 닿게 하고서 간절히 호소했다.

지금 내가 있는 이곳에서 만나는 이들 또한 다르지 않다. 그때도 지금도 그들이 요구하는 것은, 그저 사회 안에서 함께 더불어 살아가는 것, 그뿐이다. 아이가 내게 오고, 맞이한 순간들이 모이고서야 깨달았다. 경찰로서, 미소가 이쁜 시후의 엄마로서 내가 할 일이 무엇인지. 나는 현장만큼, 아니 어쩌면 현장보다 이면에 마음이 가는 이상한 경찰관이다.

　"시후야, 아들!"

오늘의 시후는 어제와 같다.

2025년 2월에

김혜민

차 례

1장

예고 없이 아픔이 왔다

1. 동정심 오지라퍼

남자아이는 원래 좀 늦어

　　엄마인 내가 혹여 알아들을까 봐 알 수 없는 외계어를 중얼거린다. 오른손 손끝에 힘을 줘 재빨리 눈 가까이 가져와 별처럼 반짝인다. 그제야 만족스러운지 해맑게 웃는다. 그 미소가 이뻐 조심스레 다가가 이름을 불렀으나, 방해받고 싶지 않은지 나의 목소리를 들어도 듣지 못한 척 자기 세상에 빠져 있다. 그 순간 나도 녀석의 미소에 속아, 전환하지 못하고 뒤에 서서 조용히 아이의 파동을 함께 느낀다.

　　"시후야, 아들!"

오늘의 시후는 어제와 똑같았다. 우는 일이 거의 없는 시후는 귀찮게 하는 일도, 목소리를 높일 일도 만들지 않는 아이였다. 설거지하는 동안 홀로 여기저기를 탐색하던 아이는 제자리를 뱅글 돌다가 '쿵' 하는 소리와 함께 주저앉아 까르륵 웃기도 했다. 이따금 정신없이 뛰어다니던 시후가 얼마 후 둔탁한 소리와 함께 발걸음을 멈춰 서둘러 다가가 괜찮냐고 물으면 훌훌 털고 일어나, 그런 아이를 보며 나를 닮아 잘 참는 아이라 생각했다. 누워만 있던 아이는 걷고 뛰며 주변을 관찰하느라 신이 난 듯 자신의 세상에 몰입하기 시작했다. 가끔은 진열장 위 불도저 자동차를 쭉 밀고는 뱅글뱅글 도는 바퀴를 보며 깔깔거리며 웃었다. 무엇이 그렇게 즐거운지 아이의 세상을 함께 즐기고 싶어, 애타게 불렀으나 그럼에도 돌아보는 일이 없었다.

다가오는 복직을 생각하며 아이를 어린이집에 보내기 시작했다. 등원할 때 떨어지지 않겠다는 처절한 거부는 있었지만, 하원은 늘 즐거워해 크게 무게를 느끼지 않다. 그러기를 몇 개월, 원장 선생님으로부터 상담 요청이 들어왔다.

"어머니, 다름이 아니라 시후가 언어가 느린 것보다 걱정되는 부분이 있는데요. 가까운 전문기관에 방문하셔서서 상담 한번 받아보시는 게 어떠세요?"

평소 눈맞춤과 호명이 선택적이었던 아이는 기관에서 그 경향을 더 뚜렷하게 보였다. 남편과 나는 서둘러 유명하다는 발달센터를 찾았다. 그러나 그곳에서는 조금 다른 의견을 제시했다.

"아직 어리기도 하고, 남자아이는 조금 느릴 수 있어요."

유명하다는 센터 상담사 말을 듣고나니, 원장님의 기우가 틀릴 수도 있겠다는 생각이 스쳐 갔다. '남자아이는 원래 늦어'라는 그 말을 맹신하고 싶었는지도 모른다.

그 대단한 직업을 위해서

발달센터를 다녀온 후에도 묵직한 덩어리 하나가 가슴에 여전히 남아 있었지만 안도감이랄까, 예전의 무게감은 한결 가벼워졌다. 이윽고 나는 복직 준비에 시동을 걸기 시작했다. 당시 신임 경찰관은 기동대 근무 1년 이수가 채용 조건이었던 때였다. 기동대 근무는 집회 시위 현장에서 질서 유지를 주된 업무로, 새벽 출근과 자정이 넘은 퇴근이 빈번한 부서였기에, 육아가 사실상 어려운 부서였다. 설상가상 열외도 불가능했다. 어린 시후를 마주 보고 복직을 결정하지도 휴직을 연장하지 못하던 그때, 친정엄마로부터 연락을 받았다. 기동대를 마칠 1년 동안 시후를 돌봐주시겠다며 어서 기동대를 마치라는 통화였다. 엄마와 전화를 끝내고 얼마 지나지 않아 남편과 함께 아이를 데리고 멀고 먼 강원도, 친정으로 내려갔다.

아이를 외할머니에게 맡긴 후 아이와 함께 타고 내려간 그 차에는 우리 부부만 올라탔다. 헤어짐을 아는지 모르는지 시후는 친정엄마 품에서 해맑게 웃었다. 아이를 품에 안으면 서울로 올라갈 수 없을 것 같아, 나는 조수석에서 내리지 않았다. 차와 멀찍이 떨어진 거리에서 엄마는 한쪽 팔에 시후를 안고 다른 손을 앞뒤로 저으며 아무 말도 하지 않았다. 그날 엄마와 난 아무 말도 하지 못했다. 그리고 시후는 그 사이에서 맑게 웃고 있었다. 시선이 아이에게 닿고 그 곁에 있는 엄마에게 닿았을 때 우린 서로의 눈물을 숨기기 위해 각자의 길로 방향을 틀었다. 나는 그 대단한 직업을 위해서 아이보다 일을 선택했다.

죽지 않으려고 여기에 왔습니다

시후를 보내고 며칠 지나지 않아, 상반기 인사이 동과 함께 예정된 서울청 기동대로 발령이 났다. 서울 전역 및 지방 가릴 것 없이, 큰 집회에는 대부분 투입이 됐고 이 따금 1박 2일로 출장 일정이 잡힐 때면 친정에서 잘 지내 는 아이 사진을 보며 안도의 숨을 돌리곤 했다.

2018년 봄, 평소처럼 청와대 타격대로 근무하던 날이었 다. 청와대 인근 사랑채 근무는 중요 근무지여서 구역을 세 분화하여 경호, 경비인력이 배치된다. 고로 일반시민보다 경찰과 경호 인력을 더 자주 만나는 곳이기도 하다. 덕분에 그곳은 무탈하게 근무하는 날이 많았으나, 이따금 집회 시 위 참가자들의, 대통령을 향한 최종 발언지가 되면 근무 강 도는 순식간에 세졌다.

오전 교대로 경비 근무를 서고 사무실로 돌아왔을 때, 지 휘관(제대장)의 긴급 업무 지시가 내려왔다. <금일 14시경 광화문광장에서 시작되는 발달장애인부모연대의 집회가 17시경 청운파출소 앞 도로까지 점거하여 최종발언을 할 예정이니 긴장하여 근무>하라는 지시였다. 당시 부대에서 '채증(증거수집)'을 담당했던 나는 지시 사항을 전달받고 점심을 제대로 먹질 못했다. 혹시나 격해진 집회 참가자와 경찰 경력 간에 분쟁이 일어날 수도 있는 상황이었고, 그런 상황에서 중요한 것 중 하나는 '정확히 촬영'하는 채증이었기 때문이다. 카메라의 배터리양을 체크한 후 삼각대에 단단히 고정했다. 그리고 카메라와 연결된 끈을 손목에 감아 올렸다. 이유는 경험에 의한 전례였다.

앞서 여의도에서 있었던 동물보호단체와 육견협회의 맞불집회가 있던 날 중간에 서서 양 당사자들을 촬영하던 때였다. 육견협회에서 동물의 변(개똥)을 동물보호단체와 그들 사이에 서 있는 경찰 경력 머리 위로 흩뿌리기 시작했다. 아수라장이 된 그 순간, 난 육견협회의 공격을 받았다. 그들의 목적은 채증 카메라를 빼앗는 것이었다. 손목에 감은 카메라끈 덕분에 채증 장비를 빼앗기진 않았지만, 그날 나는 3미터 정도 질질 끌려가는 대참사를 당하고 말았다. 감사한 것은 끌려가는 도중에 본능적으로 '도와줘'라는 고함을 질렀고, 그 굉음을 듣고 온 동료의 손을 붙잡고서야 탈출할 수 있었다. 그날 난 서슬 푸른 무릎을 얻었고 거미줄처럼 닳은 근무복 바지를 내어주었다.

광화문에서 삼보일배로 출발한 집회 참가자들이

17시가 다 되어 청운파출소 앞을 가득 채웠던 그 봄날의 집회도 지휘부에서는 긴장했다. 그 기운을 우리 모두 느끼고 있었다. 그리고 사랑채 앞에 세운 그들의 무대에 커다랗고 파란 글씨로 그들이 이곳에 모인 이유가 나타났다. 발달장애 국가책임제.

생소한 문구와 집회 현장에 동행한 아이들에 의구심을 갖고 그들 곁에 섰다. 천진난만한 모습으로 여기저기를 탐색하는 아이들과 그 뒤를 좇는 부모들의 고단함이 힘없는 눈빛으로 전해졌다. 부모와 어깨선을 나란히 한 아이는 엄마의 손에서 벗어나려 부단히 애썼으나 무대에 시선을 뺏긴 부모는 쉽사리 놓아주지 않았다. 이윽고 호리호리한 체형의 중년 여성이 담담한 표정으로 무대 위에 올랐다.

"아들과 죽지 않으려고 여기 왔습니다."

그녀의 선창을 시작으로 그녀를 포함한 참가자가 이발기로 머리카락을 빠르게 잘라갔다. 그 모습은 의외로 담담했다. 삭발식이 끝나자, 그 앞에 자리를 채웠던 나머지 참가자들도 서로의 머리를 밀기 시작했다. 충격적이었다. 부모 209명의 눈물 섞인 삭발식이 내 눈앞에서 펼쳐졌다. 수많은 부모들의 붉은 볼을 타고 내려오는 눈물의 속도만큼 아이의 손을 더 힘껏 잡았다. 그리고 부모의 손에 잡혀있는 아이들은 이곳의 비통함을 아는지 모르는지 그저 해맑게 웃고 있었다. 이름도 낯선, 발달장애인에 대한 첫 기억이었다.

　　그들 앞에 섰다. 삼각대에 고정된 카메라의 전원을 켜, 현장을 담으려 노력했다. 그러나 예상보다 많은 참가자를 앵글이 수용하지 못했다. 나는 왼쪽에서 오른쪽으로 천천히 시선을 옮기며 현장을 담았다. 집회는 이제껏 경험한 현장과 많이 달랐다. 희끗희끗한 머리의 보호자 손을 잡고 앉아있는 성인 남성, 아버지의 품에 안긴 몸이 불편한 어린이, 방향을 예측할 수 없이 해맑게 뛰는 학생과 그 뒤를 쫓는 어머니. 그들을 보고 있자니 법과 정의의 관점은 사라지고, 연민과 안타까움이 가슴을 메웠다. 부모와 아이의 상반된 표정 온도에 깊은 숨이 몰려왔다.

　　'저분들, 얼마나 힘들까……'

그리고 그해 가을, 지난 집회가 내게 다른 의미로 다가왔다. 난, 특별한 아이를 아들로 둔 대한민국 경찰관이다.

2. 달라도 너무 달라

자폐인가 봐

　　시후가 친정으로 내려간 지 7개월이 되던 그해 가을, 엄마로부터 연락이 왔다.

　"딸, 서울에 큰 병원 예약 좀 해줘."

엄마는 정기검진 중 자궁내막증 진단과 함께 '자궁 및 난소 적출 불가피'라는 의사 소견을 듣게 되었다. 같은 여성임에도 그때의 나는, 소중한 신체 일부분의 상실이 얼마나 큰 아픔일지 공감하기보다 작고 소중한 시후에게 더 마음이 쓰였다. 이기적인 난, 엄마에게 어떤 말도 건네지 못했다.

"수술 내년에 할까 봐."

금쪽같은 손주에게 마음이 쓰인 엄마는 수술을 결정하지
못하고 있었다. 부끄러움을 넘어 죄책감은 붉은 기운과 함
께 순식간에 나를 뒤덮었다.

"무슨 소리야! 빨리 수술 날짜 잡자."

서둘러 엄마 수술과 회복까지의 기간을 한 달로 잡고 회사
에 휴가를 신청했다. 업무 특성상 한 달 휴가를 낼 수 없는
자리였으나, 지휘관을 찾아가 부탁하고 간청할 수밖에 없는
상황이었다. 그렇게 아이는 8개월만에, 한 달을 기약하고 우
리 곁으로 돌아왔다. 돌아온 집은 이미 아이에게 낯선 공간
이 되었지만, 우리는 하루 이틀이면 바로 적응할 거라고 생
각했다.

그러나 안일한 생각을 비웃듯 며칠이 지나지 않아 기어이
일이 터지고 말았다. 코앞에 놓인 추석 연휴에 휴가를 빼지
못해, 남편과 아이가 단둘이 지내야 하는 상황이 됐다. 연휴
내내 온종일 아이를 돌봐야 하는 남편은 최후의 수단으로 아
이와 단둘이 시댁에 가기로 했다. 집에서 둘이 있는 것보다

시어머니 손이 더해지는 편이 나아 보여 나는 신신당부하며 기차역까지 부자를 배웅했다.

　　"여보, 시후 옆에서 항상 있어 주고, 무슨 일 있으면 전화
　　하고."
　　"응. 걱정하지 마. 내가 알아서 할게."

일하는 중간중간 건 전화에서 남편은 "시후 잘 있으니, 걱정 안 해도 돼."라고 했다. 그렇게 무탈하게 연휴가 끝이 나는 듯 보였다. 그런데 연휴 마지막 날 서울로 올라와 평소와 같이 아이가 잠든 시간, 남편은 갑자기 할 말이 있다며 나를 거실로 이끌었다. 무거운 표정으로 거실 한편에 주저앉은 남편은 울먹이며 불안정한 톤으로 입을 뗐다.

　　"여보, 우리 시후가 자폐인가 봐."
　　"뭐라고?"
　　"할머니 집에 갔는데, 친척들이 우리 시후가 이상하대.
　　병원 가보라고……."

아이는 26개월, 발화는 몇 개 단어를 내뱉는 정도. 여전히

눈 맞춤과 호명이 선택적인 상황이었다. 남편은 차오르는 감정을 누르며 연휴에 있었던 이야기를 이어갔다. 그날 아이는 낯선 환경과 익숙지 않은 사람들 앞에서 울다가 웃는 모습을 반복했다고 했다. 그리고 그 모습을 지켜보던 어른들은 시후를 앞에 두고 남편에게 무거운 이야기를 건넸다. 그러나 난, 어린아이를 가운데 두고 이런 이야기를 서슴지 않고 나눴을 그들의 모습에 설움이 터졌다. 그 공간에서 외롭게 자신을 보호하려 울부짖었을 아이를 생각하니 울분이 목 끝까지 차올랐다.

> "아무리 남들이 아이가 이상하다고 말해도, 그 순간 당신은 아이의 편이 돼줬어야 해. 그게 아빠잖아! 우리 이제 그만하자. 내가 키울게."

그날부터였다. 우리 부부 사이의 간극은 걷잡을 수 없이 벌어졌다. 각자가 상반된 방향을 바라보며 등을 맞댔다.

혼잣말 지옥

시후의 기상은 눈을 뜨지 않아도 쉽사리 알 수 있

었다. 말이 트이지 않아, 아무 말도 들을 수 없을 때는 제발 '무엇이라도' 시후의 입을 통해 듣고 싶었다. 그런데 36개월이 가까워지며 음절을 하나씩 툭툭 내뱉기 시작하더니, 혼잣말 지옥이 되어 갔다. 외계인과 접선하듯 하루의 시작과 끝을 알 수 없는 종알거림으로 보냈다.

"아바바바바……."

처음에는 일방적 혼잣말이어도 무언가를 내뱉는다는 것이 감사해 매 순간 긴장을 놓지 않고 일회성 상호작용을 위해 클랙슨을 누를 틈도 없이 비집고 들어갔다. 그러나 자는 시간을 제외하고 하루 종일 남발하는 외계어에 대한 감사는, 어느덧 소음을 지나 고통으로 변해갔다.

유독 주말이면 더 불안했다. 시후의 혼잣말은, 늦잠을 자는 남편의 곤두선 귀에 정확히 꽂혔고, 남편은 부스스한 머리로 거실에 나와 소파에 털썩 주저앉아서는 매서운 눈빛으로 아이를 지켜봤다. 함께 하는 공간은 어느새 먹구름 가득한 회색빛 공간으로 탈바꿈 되고 그 살얼음 위, 차가운 공기와 함께 우려했던 일이 벌어졌다. 아빠가 안중에 없는 시후는, 먹을 수 있고 없고를 떠나 장난감을 입에 가져다 확인하기 바빴다. 이윽고 잔뜩 찌푸린 눈으로 한동 안 아이를 지켜보던 남편은 소리를 쳐야 삭혀질듯 결국 아이에게 외쳤다. 청각이 예민한 시후는 아빠의 갑작스러운 고함에 두 눈을 가리고 그 자리에서 얼어버렸다. 화가 난 남편은 자신의 물음에 아이가 대답하지 못할 것을 알면서도 아이에게 가까이 가 '왜'라고 물었다. 분위기가 심상치 않은 걸 인지한 시후는 뭐라도 대답해야 할 것 같았는지, 아빠의 물음에 앵무새처럼 즉각 반향어로 응했다.

'왜. 왜. 왜.'

해결책이 없음에도 아이에게 정답을 요구하는 남편 모습을 보며 나는 치를 떨었다. 남편은 차라리 외면해야만 살 것처럼 그 자리를 박차고 뛰쳐나갔다.

나는 주어진 모든 시간을 아이에게 집중했지만 남편은 그렇게 하지 못했다. 안 했다는 표현이 더 적합한 시기도 있었다. 우리는 아이를 바라보는 시선이 달랐고, 목표도 달랐다. 나는 포기가 빠른 그가 용서되지 않았다. 그는 나를 무모하고 한심하다고 여겼다. 결국 우리 사이엔 불만들이 켜켜이 쌓여갔다.

나 너랑 못 헤어져

　　이런 과정은, 특별한 아이를 키우는 부부에게 빈번하게 일어난다. 느린 아이를 주제로 모인 온라인 플랫폼에서도 이혼에 관한 글은 매일 오르락내리락 한다. 단연코, 우리 집만의 일이 아니다. 소중한 내 아이의 다름을 인정하는 것만큼 참혹한 일은 없다. 한 아이의 부모이기 전에 미성숙한 사람인지라, 받아들이고 헤쳐 나가는 데 있어서 속도의 차이도 발생한다. 우리 또한 다르지 않았다.

　받아들이기조차 힘들고 행하는 것은 더욱 힘에 부친다. 설상가상 경제적 부담도 적지 않다. 그 과정에서 의지해야 할 부부는 치열하게 다툴 수밖에 없다. 마음의 고됨으로 상대를 돌볼 여유가 사라지니 결국, 서서히 멀어져 간다. 그러나 곧, 원하든 원치 않든 부부는 다시 힘을 모을 수밖에 없다. 우리를 바라보며 활짝 웃는 아이의 미소를 마주하며. 우린 그런 과정을 수도 없이 반복하는 중이다. 물론 나의 희망주의와 남편의 극현실주의는 머지않은 시간 내 또 부딪칠 것이다. 그럼에도 우린 더 뜨겁게 논쟁하며 아이에게 필요한 것을 택하고 받아들일 것이다. 그러다보면 언젠가 맞춰지지 않을까. 숨막혔던 지난 과거를 너스레 떨며 웃어넘기는 날이 오지 않을까 싶다.

장작에 붙은 불씨가 서서히 꺼져가듯이 남편과의 관계도 이대로 꺼지면 좋겠다고 생각했었다. 그날 화가 나 뛰쳐나갔던 남편은 우리가 잠든 시간, 조용히 들어왔다. 하루 종일 자유를 만끽했을 그의 모습을 상상하니, 늦은 새벽 지쳐 있던 몸과 달리 정신이 또렷했다. 안방 문을 연 남편은 어둠 속에서 깊이 잠든 척 누워있던 나를 보고 있었다. 그는 안방과 문 사이의 경계에서 오랫동안 머물렀다. 그리고 내가 누워있는 침대에 걸터앉고도 오랫동안 미동이 없었다. 깊은 한숨, 기분 나쁜 술 냄새가 우리를 에워쌌다.

"미안해…….나 너랑 못 헤어져."

이른 나이에 만난 우린 오랜 시간 사랑하고 소중한 아이를 만났다. 아이를 위한 노력이 서운함으로 변해 헤어짐을 결심하는 순간이 오기도 했었다. 그러나 쉽사리 헤어지지 못하는 건, 어쩌면 서로를 측은하게 바라보고 있어서 그럴 것이다. 안쓰럽게 말이다.

3. 뜯지 못한 진단서

트렌드 진단명 2021

남편과의 치열했던 그날 밤을 보내며 머리는 무거웠으나, 오히려 가슴은 뜨거워졌다. 행여 내 곁에 잠든 어여쁜 아이가 자폐일지라도, 그 타이틀이 내 아이 삶을 외로워지게 만들지 않겠다고 마음을 더 단단히 먹었다. 그리고 한 달 후 나는 다시 휴직계를 제출했다. 물론 그때 당시에는 휴직이 그렇게 길어지리라 상상하지 못했다.

아이의 특별함을 인지하고 가장 서둘렀던 것은 대학병원 진료 예약이었다. 저명하다는 병원에 예약 전화를 걸었고, 2년 반이라는 대기시간이 우리에게 주어졌다. 그때 통화를 했던 병원직원은 '이 정도면 괜찮은 편'이라는 답변을 내놨는데, 난 그 말을 듣고 나의 귀를 의심했다. '감사합니다'라는 건조한 화답으로 통화를 마무리하고서 그렇게 우린, 매일의 충만함 속에 하루하루를 살았다. 그리고 2년 후 그날이 왔다.

보통과 다른 이른 새벽, 알람을 걸어둔 핸드폰이 울리기도 전에 눈이 떠졌다. 곁에 잠든 아이가 깰까봐 까치발을 들어 조용히 나온 거실은 공기가 찼다. 서재로 들어가, 지난 2년 6개월의 기록과 아이의 일상을 기재한 서류를 훑어봤다. 낱장의 끄적임이 시후의 지난 노력을 대변할 순 없다는 것을 알지만, 내가 의사에게 전하고 싶었던 것은 아이의 가능성이었다.

'30개월짜리 꼬마가 이렇게 열심히 살았어요.'

그래서인지 그날 새벽 나는 유독 설렜다. 지하철을 탄다는 사실에 아이도 발걸음이 가벼웠다. 그런 아이 모습을 지켜보고 있자니 나도 가벼워지는 듯했다.

"에릭(지하철) 타고 의사 선생님 만나고 올 거야. 우리 시후 얼마나 멋진지, 의사 선생님께 보여주고 오자."

이른 점심을 든든히 먹고 찾은 병원은 예상대로 아픈 아이들로 가득했다. 13시 30분 진료 예약이었으나, 1시간 30분 대기라는 문구가 이미 전광판에 뚜렷했다. 그렇게 꽤 오랜 시간이 지난 후에야 아이의 이름이 호명됐다.

'박시후, 들어오세요.'

아이 손을 잡고 진료실 앞에 섰다. 문 앞에 서서, 깊은 숨을 들이마시고 어깨에 힘을 넣었다. 그리고 그 힘을 아이에게도 전했다.

"아들, 가자!"

진료실 문을 움켜잡았을 때, 저릿할 정도의 차가움이 손바닥에 닿았다. 그럼에도 박차고 들어간 안에서의 시간은 허망했다. 지난 기다림에 대한 보답은 우리에게 긴 시간을 내어주지 않았다. 앉자마자 내 앞에는 2주 전 받은 발달검사와 자폐 척도 검사 결과지가 놓였다. 의사는 누군가에 쫓기듯, 틈도 없이 결과지의 내용을 재차 확인시키는 것에 급급해 보였다. 물론 내가 준비해간 서류는 무용지물이 됐다. 그렇게 2년 6개월이라는 우리의 시간은 3분만에 평가되었다.

아무것도 들리지 않았다. 묻지도 않았다. 다만 낯선 공간과 사람으로 흔들리는 눈빛, 곧추세운 허리로 나에게 의존해 있는 안쓰러운 시후만 눈에 들어왔다. 아무것도 요구하지 않았으나 의사는 진단서를 건네며 장애 등록하고 사회적 지원을 받으라는 차가운 끝맺음 인사를 날렸다. 그렇게 내쫓기듯 나온 진료실 앞에서 간호사를 마주했다. 진단서를 동봉하겠다고 했다. 행동은 사려 깊었는데 전해지는 느낌은 냉소 같고 차가웠다.

그제야 나는 혼미해진 정신을 바로잡았다. 동봉되면 그걸 다시 뜯을 자신이 없었다. 닫히기 전 서류를 눈에 담기 위해 그들의 차가운 행위를 멈춰 세워야만 했다. 서류에 또렷이 기재된 여섯 살 시후의 아픔을 확인했다. 3년이 지난 지금도 그날 받은 진단서는 여전히 뜯지 못한 채 가방 깊숙이 박혀 있다. 손끝이 시려 차마 열 수 없었다. 아마 평생 뜯지 못할 것 같다.

아이와 설레며 갔던 길을 먹먹함을 안고 되돌아왔다. 이르게 시작한 하루가 버거웠는지 시후의 각성은 춤을 췄다. 지하철에서는 불안에 뒤덮여 얼어버린 아이를 주물렀고, 버스에서 치솟은 웃음 각성도 주변에 끊임없이 설명했다. 하지만 결국 정거장을 두 개 남겨두고 아이와 나는 내릴 수밖에 없었다. 잦아지지 않는 웃음, 주변에서 보내는 날카로운 시선이 버거웠다. 그렇게 시후 손을 잡고 집을 향해 걷던 순간, 핸드폰이 울렸다. 엄마였다. 나는 덤덤한 척 받아 담담하게 전했다.

"엄마. 의사가. 시후가. 자폐래."

문법에 맞지 않는 단어들을 툭툭 끊어 나열했지만, 뜻은 정확히 전달됐다. 내 말이 끝나자 수화기 너머 엄마의 떨리는 목소리가 전해져 왔다.

"미안해. 엄마가 시후 데리고 있을 때 더 신경을 썼어야 했는데…… 엄마가 미안해."

시후는 내가 낳았는데, 엄마가 미안하단다. 울컥 올라온 울음을 목 끝에 힘을 줘 아래로 끌어내렸다. 그럼에도 넘실대는 물컹함이 남아 이내 앙다문 입술 덕분에 코끝이 매워졌다. 엄마의 잘못도 누군가의 잘못도 아니라고, 시후는 그냥 특별하게 태어난 것이라고 엄마에게 담담하게 건넸지만,

미안하다는 시린 말들만 돌아왔다. 그래서 더 씩씩한 척 연기했다. 그 순간 그래야만 했다. 엄마의 입을 통해 더 이상의 미안하다는 말은 듣고 싶지 않았다.

"걱정하지 마. 우리 시후 잘 클 거야."
"당연하지. 얼마나 이쁜 내 강아지인데. 아무 걱정하지
  마. 엄마가 있잖아."

집으로 돌아와 평소처럼 편안한 옷을 입히고 아이의 간식부터 챙겼다. 하얀 접시에 담긴 빨간 방울토마토를 본 시후는 읽던 책을 챙겨 식탁 의자를 당겨 앉았다. 작은 입을 가득 채운 토마토와 동화책을 읽는 편안한 모습을 확인하고서야 나는 두툼한 검사 결과지를 들고 서재로 들어갔다. 서류뭉치 끝을 매만졌을 때 묵직한 낱장의 페이지를 오늘 안에 다 넘기기 어렵다 느꼈다. 두려웠는지도 모른다.

30개월 본격적인 치료를 시작하며 대학병원 진료를 예약하던 날, 2년 6개월이란 시간이 우리에게 주어졌다. 그 시간은 때론 무언가 심판을 받는 날처럼 옥죄여 왔으나, 대부분 설렜다. 그러나 11월 2일 그날, 그 설렘이 무색할

만큼 나는 아이 앞에서 무너지고 말았다. 각진 진료실에서 자폐를 통보받던 순간 걷잡을 수 없이 땅이 꺼지는 느낌이었다. 아니, 그대로 사라지고 싶었는지도 모른다.

아무것도 할 자신이 없었다. 뭔가를 할 힘도 없어 소파에 기대 누웠다. 눈앞에 앉아 노는 시후를 그저 멍하니 바라보고 있는데 뜨거운 것이 뺨을 타고 내렸다. 그 순간 아이보다 내가 더 불쌍했다. 나의 삶에 이미 나는 없었다. 뜨거운 무언가가 뺨을 타고 짠 기운이 입술 끝에 도달했을 때, 이미 때를 놓쳤다. 지난 2년 6개월 참은 눈물에 대한 자제력은 이미 내 손에서 벗어났다. 거두지도 않았다. 그 순간 그러고 싶었다. 이윽고 차디찬 무언가가 낸 눈을 거칠게 다루기 시작했다. 놀라 눈을 떴을 때, 시후가 심각한 표정으로 내 눈앞에 서 있었다. 나의 모습이 낯선지 고사리손으로 야무지게 쥔 물티슈로 나의 얼굴 여기저기를 닦더니 이내 나의 품을 가득 채웠다.

우리의 심장이 맞닿았다. 내 눈이 가장 뜨겁다고 생각했던 순간, 그 열기는 우리의 가슴을 에워쌌다. 그때 깨달았다. 진단명보다 중요한 것은 지금 우리가 함께하는 이 순간이라는 것을. 아이를 있는 힘껏 끌어안았다.

4. 우린 아프다

죽고 싶어요

언어치료를 위해 치료실로 향하던 길, 제법 큰 시후는 나와 높이를 맞추려는 듯, 단단하게 팔짱을 엮었다. 우리는 다정하게 걷다가 횡단보도 앞에서 멈춰 섰다. 초록색 등이 켜지고 발을 내딛던 그 순간이었다. 우리 곁에 불쾌한 소리로 울어대는 오토바이 한 대가 스쳐 갔다. 그 순간, 단단히 엮인 팔을 스르륵 푼 아이는 한 바퀴 돌아 내 품에 안긴 채 고사리손으로 양쪽 귀를 단단히 여몄다. 소스라치게 놀란 가슴의 진동은 내 품에서도 파장이 진정되지 않았지만, 재촉하는 초록 불에 달랠 겨를도 없이 나는 아이를 밖으로 이끌었다. 괜찮다고, 지나갔다고 전하자 그제야 손을 꼭 쥐고 아무 말 없이 방향을 틀었다. 그때까지 그날을 매일의 날들과 크게 다른 하루라 생각지 않았다.

얼마 지나지 않아, 치료실에서 아이의 울음이 터졌다. 더 이상 수업이 의미 없다고 판단한 나는 교실로 들어갔다. 특별한 이벤트가 없음에도 갑자기 시작된 아이의 울음은, 어떤 방법으로도 달래지지 않았다. 교실에 주저앉아 울부짖던 시후는 말랑이 장난감을 벽에 던지며 '엄마 나가요! 집에 안 갈 거야!'라며 자신이 단단히 화가 났다는 걸 표시했다. 이제껏 보지 못한 모습에 행여 버릇이 잘못 들까 싶었던 나는 더욱 단호한 모습으로 일관했다. 그러나 무엇이 그렇게 서운했는지, 아이의 울음은 멈춰지지 않았다. 아이를 강제로 이끌어 복도 끝에 몰아세웠다. 그럼에도 아이는 여전했다.

우린 그렇게 아무 말 없이 평소처럼 버스에 올라 나란히 앉았다. 평소라면 혼잣말을 쏟을 아이지만 그날은 아무 말도 없이 그저 버스 창을 통해 스쳐 지나가는 무의미한 것들에만 시선을 뒀다. 낯설었지만 나 역시 속상한 마음에 등을 돌렸다. 그런데 입을 꾹 다문 아이 뒷모습에 마음이 쓰이기 시작해 이내 돌린 얼굴을 아이 쪽으로 향했다. 시후는 한동안 아까의 자세를 유지하다가 갑자기 고개를 내 쪽으로 돌렸다.

"죽고 싶어요."

버스의 네모난 창에 시후 얼굴이 담겨져 있었다. 그 창밖은 초록빛 나무가 가득했고 햇빛은 찬란했다. 따스한 햇살 사이 우거진 나무를 우산 삼아 걷는 사람들은 그저 맑았다. 무슨 연유에 진한 미소가 나오는지 야속했다. 그 창 옆에 시후 얼굴이 있었다. 햇빛을 등진 얼굴이 다소 어두웠다. 일곱 살 아이의 맑음은 온데간데없고 초점 없는 흐린 눈과 회색빛에 가까운 낯만 존재했다. 그리고 새빨간 입술로 내게 비수를 꽂았다.

가슴이 덜컹 내려앉았다. 코끝에 매운 기운이 감돌며 아래 눈이 붉게 달아오름이 느껴졌다. 나는 '그런 말 하면 안된다'고 말하지 못했다. 왜 하필 그 순간, 30개월부터 시작된 어린 시후의 삶이 주마등처럼 스쳤을까. 자신의 의지와 달리 타의에 의한 삶의 고단함이 일곱 살 시후 얼굴에 스쳤다. 아이를 안지도 못했다. 안아서 순간을 모면하기에, 시후 삶의 무게가 내 가슴을 짓눌렀다.

평균 수명 23.8세

국립재활원 장애인 건강 보건 통계(2020년 기준)에 따르면 전체 장애인 평균 수명이 76.7세임에 반해, 자폐성 장애인의 사망 평균 연령은 23.8세이다. 유독 자폐성 장애인의 평균 수명이 낮은 원인에는 다양한 이유가 존재하지만, 그 원인의 1위에 고의적 자해(자살)가 차지하고 있다는 것에 주목해야 한다.

아이가 아프고 나서, 개개인의 삶이 없어진다. 오롯이 아픈 아이를 위한 삶만 존재한다. 돌봄이라는 명분 아래, 정신적 육체적으로 오는 모든 고통을 막아내고 수용해야 한다. 그럼에도 모든 일련의 과정을 고되다고 생각하지 않는다. 우리 아이를 위한 것이니까. 그러나 고립된 돌봄과 지속된 경제적 부담으로 건강에는 적신호가 켜진다. 그럼에도 내가 없으면 살 수 없는 아이를 바라보며 악착같이 버틴다.

'한 시간만이라도 아이보다 더 살게 해주세요.'

부모의 애잔한 외침은 절규에 가깝다. 그러나 돌봄은 하루아침에 해결되지 않는다. 80대 노모는, 장애가 있는 60대 아들을 돌보느라 쉴 수가 없다. 결국 쉼은 죽음에서야 찝찝한 자유를 얻는다. 따라서 그 수순으로 '더 이상 이렇게 살고 싶지 않다'라는 생각은 이내 실제 행동으로 옮겨지기도 한다. 부모 이외에 자기 자녀를 돌봐줄 사람이 없는 상황, 자립이 불가한 자녀가 안전하게 거주할 수 있는 환경이 마련되지 않은 현실에, 부모는 해서는 안 되는 행위를 결국 하고 만다.

2024년 5월 7일, 청주의 한 주택에서 지적장애를 앓는 발달장애인 일가족 세 명이 숨진 채 발견되는 참사가 일어났다. 60대의 모친, 40대 아들과 딸은 모두 중증 장애를 가지고 있었으며 부친의 사망 후 경제적, 신체적 극심한 어려움을 겪던 가족은 유서를 남긴 채 외로이 세상을 떠났다. 이뿐만이 아니다. 최근에는 지역, 나이 불문하고 잊혀질 만하면 장애 가족의 참사 관련 기사를 접한다. 시후를 키우는 난, 특별히 그 대상자가 어릴수록 더욱 애가 탄다.

돌봄 주체의 건강이 불안정한 만큼, 장애 당사자의 건강도 안전하지 못하다. 최근 통계에 따르면 전체 장애인의 15.7퍼센트는 지속적 우울감을 느끼고 있다고 한다. 이는 비장애인의 두 배가량 높은 수치이다. 장애 당사자는 평범한 일상에서 오는 불편함과 여전한 사회적 인식 차별 등으로 무의식 중 많은 스트레스에 지속해서 노출되고, 장애 당사자나 가족은 고의적 자해에서 벗어날 수 없다. 발달장애 가정의 극심한 고통이 참사로 색을 바꾸는 일이 늘어나는 이유다. 이런 악순환을 끊어내기 위해서, 장애 가정의 돌봄 부담을 완화할 수 있는 정책 등 사회적 보장 프로그램이 우선하여 마련되어야 한다.

이곳에서 오래 살고 싶다

장애 가족 동반 자살이라는 타이틀의 날카로운 기사는 여전히 먹먹하다. 지긋지긋한 삶을 이렇게밖에 마무리할 수밖에 없었던 그들의 마음을, 용서받을 수 없는 그들의 행동에, 이해와 비통함이 교차한다. 화면 한 장 채운 텍스트 한 덩어리에 치열한 그들의 삶이 담겨 있어서 더 그렇다. 얇은 실타래를 꾸역꾸역 잡아끌며 살았을 그들 곁에 따뜻한 시선 하나만 더해졌더라면 그들이 극단을 선택하지 않았을 것이란 생각에 허탈함이 밀려온다.

버스 안에서 시후의 작은 입을 통해 들었던 말의 비수에, 순간 내 심장은 멎었었다. 그리고 그 이전보다 더 두려워졌다. 행여나 가장 소중한 아이가 내 곁을 떠날 수도 있겠다는

발달장애인 가정 사회적 참사의 기록 (2022~2024.5.23)

자료 : 전국장애인부모연대

2022년 | 10건

- 2022년 3월 경기 수원 어머니가 8세 발달장애 자녀 살해
- 2022년 3월 경기 시흥 어머니가 20세 발달장애 자녀 살해 후 자살 시도
- 2022년 4월 충남 아산 어머니가 6세 발달장애 자녀 살해 (아사)
- 2022년 5월 서울 성동구 어머니가 6세 발달장애 자녀 안고 투신자살
- 2022년 5월 전남 여수 30대 조카가 발달장애 이 모를 폭행 살해
- 2022년 5월 경남 밀양 발달장애 자녀가 있는 어머니 자살
- 2022년 5월 인천 어머니가 뇌병변 . 발달장애 자녀 살해 후 자살 시도
- 2022년 6월 경기 안산 2명의 발달장애 자녀를 둔 아버지 자살
- 2022년 7월 서울 은평 오빠가 발달장애 여동생 살해 (아사)
- 2022년 8월 대구 어머니가 영아 살해 후 투신자살

2023년 | 10건

- 2023년 2월 경기 20대 발달장애 자녀와 부모 승용차 익사 (살해 후 자살 추정)
- 2023년 2월 서울 홀로 집에 있던 30대 발달장애인 화재로 사망
- 2023년 2월 전남 담양 홀로 집에 있던 40대 발달장애인 화재로 사망
- 2023년 4월 부산 30대 비장애 자녀가 발달장애 어머니를 상습 구타하여 사망
- 2023년 5월 경남 창원 2명의 발달장애 자녀를 둔 어머니 자살
- 2023년 9월 전남 영암 아버지가 3명의 발달장애 자녀 살해 후 자살
- 2023년 9월 울산 아버지가 30대 발달장애 자녀 살해 후 자살
- 2023년 10월 전남 나주 홀로 집에 있던 발달장애인 화재로 사망
- 2023년 10월 대구 아버지가 발달장애 . 뇌병변장애 자녀 살해 후 자살 기도
- 2023년 11월 서울 어머니가 발달장애 자녀를 살해 후 자살 시도

2024년 | 3건

- 2024년 1월 경남 김해 백혈병 진단을 받은 어머니가 발달장애인 아들 20년간 돌봄 후 살해
- 2024년 2월 서울 아버지가 발달장애 자녀 살해 후 자살
- 2024년 5월 충북 청주 발달장애인 일가족 (60대 어머니, 40대 남매 두 명) 사망한 채 발견

생각에 겁이 났다. 그날 시후는 집에 돌아오고도 꽤 오랫동안 울음이 지속됐다. 침대 한편에 누워 울부짖는 아이를 바라보는 것 외에 내가 할 수 있는 것은 아무것도 없었다. 그 사실이 더 괴로웠다. 조금씩 진정되는 모습을 확인하고도 혼란스러웠다. 그런데 역시나 그날도 시후는 내게 먼저 손을 내밀었다.

"엄마 미안해요."
"미안할 때만 사과하는 거야. 미안해 하지 마."

우리 모자의 고단했던 그날 하루, 그리고 겨우 잠든 그날 밤, 나는 아이를 바라보며 머리를 쓰다듬었다. 작은 아이 미간에 힘이 잔뜩 들어가 있었다. 손끝으로 살살 쓰다듬어 긴장을 풀어주니 이내 아이는 두 다리를 쭉 펴 깊은 잠에 빠졌다.

우린 오늘도 아프다. 그럼에도 덜 아픈 내일을 위해, 서로의 아픈 곳을 어루만지며 발을 내디딘다. 나는 시후가 태어나고 지금껏 살고 있는 이곳에서, 시후와 건강하고 오래 살고 싶어졌다. 또한 내가 없을 먼 훗날에도 시후가 말하는 '우리 동네'에서 안전하고 행복하게 살기를 꿈꾼다.

시	율	이		말	고

토요일 저녁 우리 가족은 치킨과 돗자리를 챙겨
가볍게 한강으로 나갔다.
떠나가는 여름 저녁, 이젠 바람이 제법 가볍다.
그러나 웬일인지, 시후의 얼굴에 그늘이 졌다.
귀를 양손으로 막아도 불편함이 나아지지 않는지,
두 눈을 꼭 감고 어깨를 잔뜩 움츠리고 있는데도
소용이 없어 보인다.
그러자 오빠의 불편함을 눈치챈 시율이가
조용히 다가가 건넨다.

"오빠! 시끄러울 때는 조용히 하라고 말하는 거야.
 오빠가 말 안 하면 몰라."
"알았어."

그제야 마음이 편해진 시율이는 한강 뷰를 즐기며

치킨 맛에 대한 평가에 몰두하기 시작했다.

"엄마 치킨 어디 거야? 감자도 있네?

  안 맵고 맛있어! 콜라도 주면 안 돼?"

귀에 얹은 손을 내려 포크를 든 시후는
시율이가 먹는 모습을 지그시 바라보다가
드디어 한마디 건넸다.

"시율아, 조용히 해줘."
"오빠 너!"
"시끄럽다고."
"시율이 말고. 다른 사람한테 말해!"

2장

쓸모없음에 직면하다

1. 이상한 루틴

     2022년 우리 곁에 불쑥 다가와 먹먹함을 안겨줬던 드라마, <이상한 변호사 우영우>. 주인공 우영우는 '문'을 통과할 때 낯선 행동양식을 보인다. 지그시 감은 눈, 섬세히 편 손가락을 하나씩 접으며 셋을 세고 문턱 너머의 세상으로 건너간다. 엉뚱한 그녀의 이 독특한 행동에 많은 시청자의 시선이 집중됐고, '자페스펙트럼'이란 먹먹한 키워드가 매체를 휩쓸며 사회적 편견을 환기했다.

  자페스펙트럼을 겪는 아이들은 불안이 높아, 새로운 환경에 대한 대처 능력이 미흡하다. 그들은 살기 위해, 낯선 세상 속 자신만의 루틴을 통해 본인을 보호할 울타리를 만든다. 우영우의 루틴처럼, 그 일련의 과정을 통해 안정을 찾고 다음 스텝으로 나아간다. 그녀의 이상한 루틴은 나의 사랑 시후에게도 예외는 아니다.

지난 소아정신과 진료 때였다. 소아정신과는 다른
과와 달리, 장난감과 매트 등으로 소규모 키즈카페를 연상
시킨다. 집중이 어려운 이유로, 아이의 자연스러운 모습을
관찰하기 위한 이유로 제공된 놀이공간이다. 매트 위에서
공룡 피규어로 놀이에 열중하던 시후는, 진료가 끝날 무렵
정리하자는 말에 마음이 급해져 집에서처럼 자신만의 루틴
을 보였다.

"이런 게 바로 루틴이죠. 자신이 만든 일련의 절차를 다
　수행해야 끝나기 때문에 처리 속도가 늦어지죠. 그래서
　지능검사에 영향을 주기도 하고요."
"그럼 깨야 하나요?"
"깨 주는 게 좋아요. 그러나 깸으로써 불안을 증폭시킨다
　면 어느 정도 선까지 보호해 주는 편이 좋습니다."

가장 좋아하는 티라노사우루스가 나머지 공룡을 이기는
상황. 그 일련의 과정이 형식적이더라도 모두 끝내야 아이
는 편안히 자리에서 일어난다. 시후에게 마지막 남은 티라

노사우루스는 마음을 지켜주는 용맹한 용사와 같다. 물론 그 루틴을 망가뜨린다고 감당하기 벅찰 정도의 화를 내거나 하지는 않는다. 하지만 넘어진 다른 공룡들을 재차 일으켜 자신만의 방식을 꿋꿋이 해낸다. 우영우처럼, 시후에게 그 절차는 아주 중요하고 필요한 루틴이다.

나에게도 있다. 동트기 전, 무거운 눈꺼풀이 시야를 가려도 따뜻한 커피를 내리는 일, 잔잔한 피아노 연주곡과 함께 그 온기를 온몸에 전달하는 일. 그것은 내게 중요한 아침 루틴이다. 아침 5분의 따스함에 오늘을 잘 살, 에너지를 얻는다. 그 과정에서 안정을 찾는다. 시후와 나의 루틴에서, 우영우와 당신의 루틴에서, 안정을 추구함은 동일하다.

상황에 맞지 않는 엉뚱하고 이상한 모습에 우리는 눈길을 뺏긴다. 우리의 시선은 의문투성이고, 시후 어미의 시선은 시림 투성이다. 누군가와 섞여 사는 삶에 있어, 오롯이 자신에게 집중하는 것은 쉽지 않다. 어떤 날은 불과 1분의 시간도 여의찮다. 그러나 의무적 또는 선택적으로 만든 일련의 루틴은 나른한 날, 낮잠과 같은 달콤함을 선물한다. 묵직한 머리와 찌뿌둥한 어깨선은 손목 위 살짝 올려 사르륵 감은 두 눈에 쉼을 제공받는다. 그 잠깐의 달콤함은 포근하기까지 하다.

　그러나 우리 시후에게 티라노사우루스 루틴은 있으면 좋고 없으면 말고 하는 낮잠이 아니다. 어쩌면 충분히 채워져야 할 밤잠에 가깝다. 누군가 어떠한 이유로 깨뜨리면 다른 것에 시선을 돌리기 어렵고, 알 수 없는 공포에 사로잡혀 설명할 수 없는 울음을 한동안 토해야 진정되는 무엇이다. 누군가에게 불편을 제공할 정도가 아닌 이상, 시후의 루틴을 존중해 주는 건 어떨까. 우영우의 루틴을 기다려 주는 건 어떨까. 우리의 루틴이 존중받는 것처럼.

　시후는 우리라는 테두리 안에서 섞여 살기 위해서 잠시 일련의 과정에 집중할 뿐이다. 별나 보이는 이 세상에 함께하기 위해 고군분투 중이다. 방식이 다소 우스꽝스러울지라도, 다소 답답해 보일지라도, 틀린 삶은 없다.

2. 스윙 스윙

        시후는 뭐든 갖춰서 하는 것을 선호한다. 집에서 넷플릭스 영화를 보더라도 커다란 볼을 가득 채운 바삭한 팝콘과 달달한 주스가 담긴 빨대 꽂은 음료 한잔은 필수다. 또한 곁에 리모컨을 놓는 것을 잊지 않는다. 오늘의 영화는 <슈퍼마리오>로 간택됐다. 시율이와 나란히 앉은 소파 사이 팝콘과 음료를 제공했다. 여러 차례 본 영화고, 다음에 무슨 장면이 나올지 익히 알아도 여전히 흥미진진하다. 슈퍼마리오를 좋아하지 않는 시율이는 그저 오빠와 함께하는 이 시간이 행복한지 시후의 표정을 살피는 것이 더 흥미롭다.

    어느덧 팝콘과 주스가 차츰차츰 줄어들면서, 시후의 별난 행동이 시작되었다. <슈퍼마리오>에는 '쿠파'라는 악당이 등장한다. 쿠파는 피치 공주를 납치하는 것이 목적이지만 마리오가 늘 영웅처럼 나타나 쿠파를 무찌르고 피치 공주를 구한다. 영화 관람 시작과 함께 시후는 제어할 수 있는 리모컨을 가까이 두는데 비정기적으로 발생하는 유별난 행동과 동행한다. 갑자기 일시 정지한 화면, 거실 한가운데 서서 커다란 몸을 좌우로 흔들기 시작한다. 4~5차례 스윙이 마무리되면 아무 일이 없다는 듯 제자리에 앉아 재생 버튼을 눌러 나머지를 이어 나간다.

시후에게서 지속적이고 반복적 행위가 눈에 띄었을 때 나는 이것이 상동행동임을 알아차렸다. 그리고 관람의 맥이 끊기는 스윙을 몇 회 지켜보다가 재차 일어나 흔들흔들 움직임을 포착했을 때 조용히 다가가 어깨에 지그시 손을 얹었다. 단박에 행동을 멈춘 아이는 소파로 돌아와 아무 일 없었다는 듯 영화를 이어 보았고, 그 후 살짝 눈치를 보더니 재차 시작하였다.

그렇게 시후의 세상으로 들어갔다

발달장애 아동에게 잦은 빈도로 나타나는 상동행동은 특별한 상황에서 발생하기도, 특별한 일이 없음에도 보이곤 한다. 아이의 장애를 인지하고 인정한 후에도, 보통과 다른 모습을 아이에게서 발견할 때면 나는 내려앉은 가슴을 쉽게 붙잡지 못했다. 상동행동의 이유가, 일정한 움직임을 통해 안정을 찾는 거라는 걸 알고 있어도 환경과 학습에 대한 상호작용에 방해가 되기에 문제행동으로 치부되는 경우가 대다수다.

시후의 스윙을 발견하고 나는 뒤에 앉아 조용히 관찰했다. 시후의 반복적 행위로 시율이가 불편해 하는지, 시후의 행동 과정에서 시후가 표출하는 감정을 표정으로 관찰하기 시작했다. 재차 일시 정지 누름, 거실 한가운데 선 시후는 리모컨을 쥐고 흔들흔들 이다. 그 순간, 내 곁에 있던 시율이가 몸을 일으켜 거실 한가운데로 나아갔다. 아차 싶었다. 맥 끊기는 관람을 꽤 오래 참았다고 생각하며 목전의 쌍방 폭행이 예상됐다. 그런데 시후 곁에 선 시율이가 시후와 한번 눈을 마주치더니 미소를 건네며 시후의 행동을 따라 하기 시작했다.

따스한 주황빛이 내려앉은 거실에 두 녀석이 나란히 서춤을 추고 있었다. 오른쪽, 왼쪽, 오른쪽, 왼쪽. 그들의 춤사위 사이 주고받는 미소는 뜨거웠다. 발끝부터 머리끝까지 전율이 올라왔다. 불같이 화낼 거라 예상했던 시율이는 따스함 그 자체였다. 머리끝에 오른 전율이 이내 뭉클하게 가슴을 채웠다. 두 아이는 다시 재생된 화면과 함께 소파로 돌아와 관람을 이어 나갔다. 그 후 이어진 스윙은 시후 혼자의 움직임이 아니었다. 두 녀석이 마치 춤을 추듯, 행동도 눈빛도 진했다.

그날 이후 나는 더 이상 시후의 스윙 상동행동을 막지 않았다. 이따금 혼잡한 대형마트에서 찾아오는 스윙에도 당황하지 않고 시율처럼 마주 보고 서서 함께 춤을 췄다. 때론 반대 방향으로 아이와 엇갈려 스윙하며 어깨 사이를 통해 함께 눈을 맞춘다. 가끔은 시율이와 다투기도 한다. 서로 하겠다고. 그렇게 우리는 시후의 세상으로 들어갔다. 그러면 더 이상 그 세계는 시후만의 것이 아니었다. 우리의 세상이 되었다.

신기한 것이 있다. 같은 환경에 시후 혼자만의 스윙을 목격한 누군가는 이따금 따가운 시선을 보내기도 한다.

"차라리 몸이 불편한 것이 낫지."

그러나 시후 혼자가 아닌 우리가 함께 하는 스윙은 온도의 변화를 불러온다. 의지와 상관없이 나온 스윙은 참는다고 해결되지 않는다. 어쩌면 남에게 피해가 되지 않는다면, 아이가 스스로 조절할 수 있는 시간을 기다려 주는 것이 어떨까. 함께하면 금상첨화.

스윙, 스윙~

3. 특수교육대상자가 되던 어느 날

결국 떠나다

아이가 다섯 살 되던 해, 유치원을 집 근처로 옮겼었다. 코로나가 창궐하던 때라 모든 교육기관에선 각양각색의 대안이 나왔고, 시후가 다닐 유치원은 남녀로 나눠 주 2회 또는 3회, 격일로 등원하는 방식을 채택했다. 유치원에서 시후는 네 명의 친구와 함께 지냈다.

느린 아이를 둔 부모는 작은 규모의 유치원, 학교를 선호한다. 다수의 친구와 함께하는 대집단 활동에서 부적응의 모습이 뚜렷한 아이는, 적은 인원의 소그룹 활동에서 비교적 집중 시간이 유지되고 주의 전환도 빠르게 수행하기 때문이다. 나도 그런 환경이 선생님의 관심을 받는 횟수도 많

아질 거라 생각했다. 그러나 예상은 보기좋게 엇나갔다.

수가 적으니, 시후의 행동은 더욱 눈에 띄었다. 다섯 살 꼬마 시후는 착석 활동보다 신체활동을 더 선호했고, 교구장에 올라 창 넘어 복도를 구경하느라 정신이 없었다. 친구들이 삼삼오오 모여 블록쌓기를 할 때 그 옆에 조용히 다가가 지켜보던 시후는 제법 높아진 블록을 툭 건드려 무너트리고 해죽 웃었다. 또 지루한 대집단 활동에서는 바닥에 눕기 시작했다. 하원 후 선생님과 면담은 매일의 일과처럼 이루어졌다.

"죄송합니다. 이해하도록 잘 설명하겠습니다."

아이가 또래와 다름을 인식했다. 그럼에도 공격성 등 폭력적 행위가 없고 순하기에, 또래 집단에서 함께 지내게 하려는 나의 욕심이 컸던 거다. 하원 때 선생님께서 주시는 피드백과 요구사항을 수첩에 적기 시작했다. 그리고 선생님이 말씀해 주신 것들을 시후에게 이해시키고, 오후 치료실에서는 '문제행동'이라 일컫는 것들을 공유하고 방향을 잡아갔다. 그 모두를 유치원 선생님, 치료사, 가정 내에서 공유하고 함께 노력했다. 이유는 하나, 시후가 또래 안에서 함께

하기 바라는 우리 모두의 바람을 위해서였다.

     유치원 하원 후, 센터를 다녀와서 시후와 책상에
앉았다. 차곡차곡 쌓은 블록 더미 옆에 웃는 표정, 우는 표
정, 화난 표정의 감정 카드 세 장을 놓았다. 역시나 시후는
블록을 무너트리고 밝게 웃었다. 그 순간, 나는 아무 말 없
이 잔뜩 찌푸린 얼굴로 시후를 바라봤다. 그리고 감정 카드
세 장을 내밀며 엄마와 똑같은 얼굴을 찾게 했다. 화난 표정
의 감정 카드를 집어 든 아이에게, 즉각적으로 말했다.

"블록 쌓았는데, 무너트리면 화나!"

아이는 살짝 긴장한 채 카드를 보고 나의 얼굴을 번갈아 보
았다.

  정상 발달하는 아이들은 한 개를 경험하면 그와 비슷한
한 개 이상의 상황을 자연스럽게 습득한다. 그러나 사회성
결여가 많은 부분을 차지하는 자폐스펙트럼 아이는, 한 개
의 상황 인지를 습득하기 위해선 같은 목표로 제시된 다양
한 경우를 경험해야 겨우 습득한다. 그래서 나는 유치원에
서 받은 부정적 피드백이 시후의 기억 속에 남아있을 때, 즉

각적인 경험으로 느낄 수 있게 제시하고 방법을 고찰했다.

그러나 시후와 나의 이런 모습을 부질없다고 생각한 사람이 있었다. 남편은 오래전부터 그만 애쓰고 '특수교육대상자' 신청을 하라고 말했다. 그러나 무지했던 나는, 특수교육대상자라는 의미를 잘 알지도 못했고, '특수교육대상자는 장애'라는 말도 안 되는 오류에 빠져있었다. 그리고 꽤 오랫동안 우리 부부는 그 문제에 대해 격렬히 다퉜다.

다섯 살, 누구나처럼 설렘을 안고 유치원을 입학했다. 그러나 부정적 피드백은 끊이질 않았다. 등원한 네 시간의 자유조차도 제대로 즐기지 못했고 이내 부딪쳤다. 가기 싫다고 주저앉은 아이, 매일 들려오는 부정적 피드백, 우린 더 이상 선택권이 없었다. 그렇게 버티고 버티다 결국 항복했다.

특수교육청에 가다

우선 상담부터 받아볼 생각에 북부 특수교육청에 약속을 잡고 방문했다. 시후와 함께 가며 속으로 되뇌었다.

'상담만 받는 거야. 상담이잖아.'

그렇게 자신을 위로했지만 참담함은 금세 고개를 내밀었다. 특수교육청에 도착하여 아이는 선생님과 단둘이 교실에 들어갔고 나는 조금 대기 후 시후가 있는 곳으로 향했다.

"아이가 너무 순하네요. 그런데 사회성 부분이 많이 걱정되네요. 오신 김에 오늘 검사도 받으시는 건 어떠세요?"

담당자는 시후가 특수교육대상자가 돼서 전문인력의 조력을 받으면 더 좋을 것 같다고 전했다. 그리고 준비 없이 방문한 그날, 우리는 모든 절차를 밟았다. 아이는 나와 분리되어, 검사실로 들어갔다. 네모반듯하고 아담한 작은 공간에 마주 앉은 선생님과 오랜 시간 무언가를 열심히 했다. 창문의 작은 여백을 통해 바라본 아이의 뒷모습에 뜨겁고 맑은 무언가가 뺨을 타고 내려왔다. 이 여린 녀석이 이른 나이에 겪는, 보통과 다른 경험에 안쓰러움이 밀려왔다. 지금 아이에게 줄 수 있는 건, 미안함의 눈물 외엔 어떠한 것도 없었다.

오전부터 시작된 일과는 저녁 여섯 시가 넘어서야 비로소 끝이 보였다.

'아들, 집에 가자.'

검사실에서 나오는 아이의 손을 움켜쥐고 빠르게 그곳을
벗어났다. 바로 앞에 있는 엘리베이터를 피해 굳이 비상계
단을 선택했다. 그래야만 숨이 쉬어질 거 같았다. 좁고 어두
운 계단에 진입하자마자 다리에 힘이 풀렸다. 털썩 주저앉
았을 때, 몸 이곳저곳이 시리기 시작했다. 희한하게 차갑고
어두운 계단 덕분에 가슴의 헛헛함이 희석되더니 마음도
진정이 됐다. 그럼에도 몸은 물기를 잔뜩 머금은 솜처럼 계
단 저 아래로 빨려 들어갔다. 그때, 시후의 따스한 손이 나
를 끌어당겼다.

"집. 가. 가. 가."

해맑게 웃는 아이의 손에 이끌려 그곳을 빠져나왔다. 어
느새 어둑해진 저녁은 시원한 바람과 적당히 화려한 네온
사인으로 우리를 맞이했다. 맞잡은 손을 놓은 아이는 이내,
나와 시선을 마주했다. 복잡한 도시 중앙에서 아이가 어깨
너비만큼 벌린 두 다리로 상체를 고정한 채 몸을 오른쪽 왼
쪽 흔들흔들 움직였다. 알 수 없는 외계어에 리듬을 붙여 더

큰 반동을 주고, 거기에 활짝 웃는 어여쁜 미소로 내 가슴을 애잔하게 녹였다. 거리 한가운데 주저앉아 아이를 있는 힘껏 끌어안았다. 조절이 힘든 아이의 각성을 낮추기 위한 것이었을까, 그렇게라도 난 사람의 온기가 필요했던 것일까. 그 순간, 기댈 곳은 아이 외에 아무도 없었다.

탁월한 선택

장애가 있거나 장애가 있다고 의심되는 영유아 및 학생은 특수교육대상자 진단, 평가를 받을 수 있다. 그러나 부모로서 모호한 '장애가 있다고 의심되는 경우' 굳이 특수교육대상자까지 생각하지 않는다. 그래서 미취학 시기인 일곱 살까지는 버티고 버틴다. 결국 학교 입학을 앞두고 특수교육대상자에 시선을 옮긴다. 장애인 등에 대한 특수교육법 15조에는 특수교육대상자가 명시되어 있다. 그 대상자 중 주목할 점은 '발달지체'이다. 발달지체도, 특수교육이 필요하다고 진단 평가할 때 대상자가 될 수 있다. 시후의 경우는 다섯 살 가을, 발달지체를 이유로 특수교육대상자라는 타이틀을 가지고 단설유치원으로 옮겼다.

덕분에 우린 몇 가지를 포기했다. 걸어서 등원할 수 있는 유치원 대신, 통학버스가 지원되지 않는 유치원으로 옮기며, 달콤한 아침잠을 조금 내어주었다. 주거지 학군의 초등학교 친구들을 포기하고 3년이라는 유효기간이 있는 친구들과 함께 지냈다.

그 외 많은 것을 얻었다. 우선 양쪽에 든든한 선생님이 생겼다. 담임교사와 특수교사의 지원 아래, 시후의 불편함은 특수교사가 방향을 잡아주고, 담임교사가 또래 친구들에게 설명했다. 특수교사와 학부모가 참여해, 아이의 현재를 파악하고 단기적인 목표를 설정하여 지원했다. 덕분에, 다섯 명 사이에서 힘들어했던 시후는 스물네 명 사이에서 행복하게 지내게 되었다. 우리의 선택은 탁월했다.

4. 누수가 맺어준 인연

주말에 쏟아지는 빗줄기는 창의 단면과 만나 일정한 안정감을 줬다. 일주일 전 동물원에 가기로 약속한 날이었다. 하염없이 퍼붓는 빗소리에 눈썹이 슬픈 시후는 조용히 내 곁에 와 아침인사도 건너띄고 동물원의 안부를 물었다. 슬픈 소식에 아이는 '왜'만 반복했다. 더 이상의 설명이 스며들 기미가 없었다. 전략을 바꿔야 할 타이밍이다.

"아들, 비 맞으러 갈까?"

우산을 혼자 쓰기가 어려운 시후에게 적기란 생각이 들어 노란 장화와 투명 우산을 들고 밖으로 향했다. 물을 좋아하는 아이는 예상대로 비 맞는 것에 거부감이 없었다. 오히려

물 만난 물고기처럼 웅덩이를 골라 첨벙이기 시작했다. 예상대로 우산은 혼자 덩그러니 시후 옆을 지켰다.

아이는 빗소리에 맞춰 장단을 맞췄다. 점점 빨라지는 소리에 발걸음은 더 높이 치솟는다. 그 앞에 마주 보고 섰다. 나도 함께 시후의 속도에 맞춰, 높이를 함께하던 순간 아이의 입꼬리가 마음에 닿았다.

유독 비가 억수같이 쏟아지던 그해 여름, 그 순간도 그랬다. 점점 굵어진 빗줄기에 차츰 속도를 줄인 녀석에게 우산을 펴 건넸다. 작은 어깨에 커다란 우산을 기대 쏟아지는 빗줄기를 막으려 애썼다. 앞에 놓인 물웅덩이를 하나하나 건너는 동안에도 산발적으로 내리는 비를 막으려 손끝에 힘을 주기도 하고, 어깨에 얼굴을 단단히 고정하며 흐트러짐이 없었다. 아이는 그렇게 자신의 길을 스스로 개척하는 중이었다.

짧은 빗물 샤워에 노곤했던 녀석은 오랜만에 달콤한 낮잠을 청하며 내게 휴식을 줬다. 그 시간이 얼마나 흘렀을까, 조용한 공간에 둔탁한 소리가 전해졌다.

"똑 똑 똑. 아랫층입니다."

다소 긴장한 얼굴로 문을 열었을 때, 그녀를 처음 만났다. 오전에 우리를 행복하게 했던 빗줄기가 오후에 심각한 얼굴의 아랫집 아주머니로 나타났다. 누수였다. 사태의 심각성을 인지한 그날, 나는 수리를 약속하고 어색하게 돌아서며 그녀에게 제안했다.

"내일 시간이 되시면 오전에 차 한잔 하실래요?"

아이들이 등원한 후 그녀를 우리 집에 초대했다. 사실 그 초대에는 이유가 있었다. 매트 시공과 트램펄린, 짐볼이 나열된 우리 집을 둘러본 그녀와 그 공간에 앉아 이야기를 시작했다. 다행히 잡힌 베란다 누수를 시작으로 나는 그동안 층간소음에 대해 이해해 주셔서 감사하다고 전했다. 그리고 가장 중요한, 시후에 대해 오픈했다. 위아랫층을 오가며 자주 만나는데 인사를 건네도 받지 않는 아이, 엘리베이터 안에서는 버튼을 꼭 스스로 눌러야 하는 모습 등 이해가 안 됐을 모습에도 잔잔한 미소를 전하던 아랫층 그녀였다. 이 기회에 아이를 위해서, 더불어 나도 편안해지고 싶었다.

그리고 얼마 후 초대장이 왔다.

'시후 엄마, 시후랑 같이 우리 집 와요. 우리 해창이가 시
후 보고 싶대.'

생애 첫 초대장이었다. 시후와 함께 아랫층에 내려가던 날
가슴 떨리던 기억은 잊혀지지 않는다. 낯설 법한 공간이었
으나 시후는 꽤 안정적이었다. 혹여 사고를 칠까 안절부절
못하는 나에게 아랫층 언니는 내 손을 꾹 잡는다.

'시후 놔둬. 다 알아서 판단하고 행동하니깐.'

제지된 신체 중 시선만 자유로웠다. 시후는 해창이에게 다
가가 형이 닌텐도 경기하는 모습을 지켜보며 주변만 맴돌
았다. 이윽고 해창이가 시후에게 게임기를 건넸다.

"해볼래?"

얼떨결에 게임기를 잡은 시후, 시후 손을 맞잡은 해창이. 형
의 품에서 해맑게 웃는 시후를 바라보며 우리는 함께 웃었다.

발달장애 부모가 겪는 일상 중 엘리베이터에 관한

에피소드는 하나쯤 있다. 언어발달이 느린 아이지만 시후는 유독 엘리베이터만 타면 혼잣말이 폭발한다. 공간의 낯섦과 동시에 찾아온 지루함이 이유일까. 일정 숫자의 버튼 또는 문을 여닫는 버튼에 대한 강박을 보이는 때도 있다. 엘리베이터 안에 우리만 있거나 안전상 이상이 없다면 괜찮지만 다른 사람과 동승 때에는 타인에게 피해를 주는 행동에 대해, 끊임없이 제지하게 된다. 우리 시후도 한동안 강박이 심할 때는 계단을 이용하기도 했었다. 덕분에 우린 튼튼한 다리를 얻었다.

두 번째 찾아온 코로나로 격리된 날이었다. 두 녀석의 발 뭉치가 요란했다. 제지해도 그 순간뿐이어서 나는 묘수를 냈다.

'박시후! 너 자꾸 뛰면 해창이 형아 집 놀러 못 가.'

살금살금 발끝을 세운 걸음은 잠깐 효력이 있었다. 아랫집 언니에게 연락했다.

'애들이 너무 뛰어서 죄송해요. 격리 끝나고 커피 한잔

해요.'

그리고 얼마 후 메시지가 도착했다.

'애들이 뛰어도 시후가 건강해진다고 생각해서 그런지
잘 뛴다고 생각해요. 신경을 쓰지 말고 몸 잘 챙기세
요.'

뭉클하게 올라온 감정 덩어리는 내 몫이다.

　　　사회성이 결여된 시후에게 아랫집이 선사한 이해
는 많은 것을 가져다 주었다. 시후는 이따금 아랫층에 내려
가 문을 두드리기도, 삐뚤빼뚤한 글씨로 짧은 편지를 남기
기도 한다. 하고 싶은 것, 터놓고 싶은 이야기가 있을 때 시
후만의 방식으로 이야기를 전할 수 있는 상대가 있다는 것
은 아이의 삶을 윤택하게 만든다. 나아가 시후가 사회로 한
발 더 나아갈 힘을 얻는다. 좋은 이웃 덕분에, 시후의 걸음
에 힘이 생겼다.

5. 소울메이트

　　시후의 특별함을 인지하고, 타인의 시선과 치열하게 홀로 싸웠다. 조율하려 애썼으나 이해받지 못했다. 시후는 혼자고, 공격은 다양해서 패할 수밖에 없었다. 결국 다섯 살의 가을에 시후는 '특수교육대상자'라는 타이틀을 달고 유치원을 옮겼다.

　　옮긴 유치원을 처음 마주했던 그날의 기억은 선명하게 남았다. 떨림과 쓸쓸한 마음을 안고 초인종을 눌렀을 때, 긴 머리 아리따운 선생님이 뛰어나오셨다. 마스크에 얼굴 절반을 가렸지만, 그 사이를 비집고 나오는 따뜻함과 선함은 감출 수가 없었다.

　　"시후야, 많이 기다렸어. 만나서 반가워."

그 말 한마디에 지난 시간의 서러움이 사르르 녹아내렸다.
아이는 선생님과 첫 단추를 이쁘게 끼웠다. 다섯 살 때는 이
미지를 관리하던 녀석이, 일곱 살이 되고 나서는 선생님을
친구로 생각했다. 유치원 가서 뭐 할 거냐는 질문에 선생님
과 레고 놀이를 하겠다는 아이에게 선생님 말고 친구랑 놀
기를 제안했고 되돌아온 답변은 상상 이상이었다.

    "박소연 선생님 친구야."

역시나 선생님과 놀이를 했다. 3년을 함께 레고 놀이를 했
는데 아직도 충분치 않은지, 친구와의 놀이보다 선생님과
하는 놀이를 좋아했다. 그리고 본인 위주로 놀이가 진행 되
지 않으면 화도 냈다. 만나면 툴툴, 떨어지면 그리운 시후의
소울메이트, 박소연 선생님이다.
    선생님이 우리에게 늘 강조했던 당부가 있었다.

    '어머니, 결석은 절대 절대 안 돼요!'

    주변의 장애아동을 돌보는 보호자들과 만나면 유치원 또
는 학교로부터 받는 속상함 중 하나가, 행사 등 이벤트 때

의 불참 제안이다. 아무리 우회하여 제안하더라도 보호자는 정확히 알아듣고 가슴에 꽂힌다. 이런 행위는 엄연히 장애인차별금지법에 위반되는 사항이다.

우리의 경우는 달랐다. 무슨 일이 있어도 결석은 허용되지 않았다. 그러나 우리의 순차적 코로나 감염으로 지독했던 15박 16일의 결석을 선생님은 막을 수 없었다.

그러던 어느 날, 늦은 저녁 선생님으로부터 연락을 받았다. 부득이하게 당분간 유치원에 오지 못하실 거 같아 미리 연락을 주셨다고 했다. 큰일이 났음을 직감했다. 바로 연유를 여쭈었으나 오랫동안 망설였던 선생님은 소중한 가족이 떠났다는 비보를 전했다. 마음이 아려왔다. 시후와 당장 찾아 뵙고 싶었으나 선생님의 시간을 존중하기로 했다. 그 기간 동안 선생님이 안 계신 유치원이 낯선 시후는 여기저기를 돌아다니며 선생님을 찾기 시작했다.

"박소연 어디 있어?"

그런 시후가 걱정된 선생님은 영상통화로 선생님의 상황을 설명하고 일주일 뒤 다시 만나기로 약속하였다. 집에 돌아온 시후는 여전히 허전해 하며 내게 물었다.

 "박소연 어디 갔어?"

그리고 나는 시후에게 천천히 설명하기 시작했다.

 '시후도 가족이 소중하듯이, 선생님도 선생님의 가족이
 소중해. 그런데 소중한 가족이 하늘나라로 가서 이제 만
 날 수가 없어. 그래서 선생님이 너무 슬프대. 그러니깐
 우리 시후가 조금 기다려 줄 수 있지?'

설명이 너무 장황했던 것일까, 진한 눈빛 외 아무런 미동이
없던 녀석은 몸을 일으켜 자리를 이탈했다. 못 알아들어서
자리를 회피하는 듯한 아이의 뒷모습을 바라보며 재차 불러
세웠지만 쏜살같이 달아나는 아이를 보며 마음을 거두었다.

 '짧게 말할 걸……'

아무리 반성해도 이미 때를 놓친 듯했다. 이윽고 거실 여기
저기를 둘러보던 시후는 식탁 위 올려진 핸드폰을 움켜쥐

고 내게 다시 돌아왔다.

　"전화할 거야."

뚜벅 걸어와 거칠게 내민 손 위에 핸드폰이 놓여 있었다. 얼떨결에 핸드폰을 건네받은 나는 밤 아홉 시를 훌쩍 넘긴 시간, 고민을 하다가 음성 녹음을 떠올렸다. 녹음기를 켜 시후에게 건네고 선생님께 전할 말을 하게 했다.

　"박소연 선생님! 괜찮아요? 시후가 기다릴게요."

차가운 내가, 이렇게 따뜻한 녀석을 낳았다. 타인의 감정을 읽는 능력도, 상황 인지도 부족한 시후가 건네받은 핸드폰에 녹음한 메시지는 누구보다 공감 능력 뛰어나고 배려 넘치는, 따뜻한 메시지였다. 녹음된 음성 파일을 건넨 나도, 시후의 목소리를 받은 선생님도 먹먹한 감동이 오랫동안 지속되었던 건 물론이다. 사회성이 0점에 가까운 시후가 어떻게 이런 마음을 표현할 수 있었을까. 나는 단언할 수 있다. 바로 그동안 선생님이 시후에게 보낸 지지와 사랑 덕분이라고.

오색 빛 찬란한 세상 속에, 혼자가 편한 아이는 다른 누군가와 주고받음이 무섭고 두려워, '혼자 놀 거야'라는 방패를 앞세웠다. 그런데 즐겁지 않다. 그 순간 당신이 따뜻함을 건넸다. 그 마음에 둘 사이, 미지근한 온기가 차올랐다. 점점 올라가는 온도로, 따뜻함이 퍼질 때 친구들이 모이기 시작했다. 고립된 꼬마를 독립된 시후로 이끌어 준 당신, 박소연 선생님의 진심 덕분이었다.

졸업을 앞둔 시후는 코앞의 헤어짐보다, 눈앞 선생님에 더 마음이 갔다. 해맑게 달려가 선생님을 와락 끌어안았다. 3년의 사랑을, 뜨거운 포옹으로 보답했다. 그 모습이 어여뻤다. 마음은 아리고, 마주했던 희로애락은 시림의 여백으로 남을지언정, 우리는 웃으며 작별했다.

꽃이 피고 열매를 맺고, 그 세월의 씨앗이 생긴다. 선생님은 조심스레 물줄기를 쪼르륵 보냈다. 그 섬세함에, 아이 마음에 꽃이 피고 사랑스러움이란 열매가 맺혔다. 그 열매는 따스한 햇살을 듬뿍 받아 단단한 마음의 씨앗을 품었다. 이 씨앗 속 따스한 기억 덕분에, 아이는 앞으로 겪을 풍파를 헤쳐 나갈 단단함을 얻었다.

당신이 공들여 키워준 사랑스러운 꽃, 그 가르침 조심스레 넘겨받아, 가슴 깊이 새깁니다. 시후답게 성장하도록 계속 도울게요. 여전히 난 선생님과 시후의 그 중간 어디쯤 서 있으려 합니다.

6. 숫자의 마법

감각이 예민한 아이에게 미용실에 가는 일은 곤욕이다. 네 살까지는 내 선에서 해결했었다. 어깨에 하늘색 보자기를 두르고 머리에 바가지를 씌운 상상을 하며 이발기로 휘리릭 밀어버리곤 했다. 아름다움보다 깔끔함이 우선이었으니까. 정수리까지 오른 앞머리는 네 살의 귀여움을 앞세워 용서될 수 있었다.

다섯 살이 된 시후가 조금 더 큰 사회로 나가고, 댄디컷, 울프컷, 투블록 등 이름마저 멋진 스타일로 자른 친구들을 보고 있자니, 이젠 셀프 이발을 놓아줄 때가 됐음을 인지했다. 그리고 수소문 끝에 1인 미용실을 찾았다. 미리 전화를 걸어 아이가 예민한데 혹시 이발할 수 있을지 물었다. 전혀 문제가 되지 않는다는 원장님의 시원한 대답에 이끌려 시후와 첫 미용실행을 시작했다. 역시나 시후는 자리에 앉자마자 어깨를 귀까지 봉긋 세워 거북이로 태세를 전환했다.

"아무것도 안 했는데?"

이발기의 소음과 간질거리는 촉감은 아이를 곤경에 빠뜨렸다. 그런 아이의 머리를 깎는 미용사는 개업 이래 최대 역경을 맞이했다. 다행히도 손이 빠른 미용사 덕분에 다소 부족한 투 블록이 완성됐다. 어느덧 그곳을 다닌 지 5년 차에 접어들고 정신없던 새 학기 끝에 아이 머리카락은 어느새 덥수룩하게 자라 있었다. 시후를 데리고 미용실에 가기 전 남편이 내게 물었다.

"시후 머리 자르러 가서, 이야기할까?"
"무슨 이야기?"
"아이가 조금 다르다고."

남편의 이야기에, 서로의 편안함을 위해 털어놓기로 했다.

"드릴 말씀이 있는데요……."

"네, 원하시는 스타일이 있나요?"

"아니 그게 아니라, 아이가 특별해서요. 머리 자르는 거
  힘들어 합니다."

"이미 알고 있었어요. 4년을 봤는데요. 어려우셨을 텐데
  이렇게 말씀해 주신 아버님 용기가 멋지십니다."

그리고 얼마가 지났을까, 바짝 쳐올린 까끌까끌 머리로 남
편 손을 잡고 나오는 아이가 나를 보며 배시시 웃었다. 그러
나 뒤따라 나와 차에 탄 남편은 뭔가 먹먹한 표정이었다.

"알고 있었대. 그리고 시후 속도에 맞게 천천히 진행해
  주더라고."

"참 고맙네."

"시후도 이제 제법 커서 잘 깎더라고. 다음엔 현금으로
  드려야겠어. 세금이라도 덜 내게."

남편의 너스레에 나도 웃었다. 그런데 이상하게 눈물이 차
올랐다.

　　　우린 조금씩 세상에 아이를 오픈하는 중이다. 아홉

살인 지금은 미용실에 가면 스스로 자리를 찾아 두 손을 모으고 기다린다. 미용실 원장님이 두른 가운을 목에 걸치고 거울 속, 주변을 둘러보는 여유도 생긴 시후다. 그러나 여전히 이발기의 불쾌한 진동은 불편해 한다. 그 기운을 미용사는 느낀다.

"시후! 10초만! 이모가 금방 끝낼게. 10.9.8 ⋯⋯ 1! 봐봐 할 수 있지?"

말끔히 쳐올린 머릿결이 마음에 드는지, 거울을 슬쩍 보곤 포도맛 사탕 하나를 먹는 것을 잊지 않는다. 이내 용건이 끝난 아이는 서둘러 집으로 향한다.

"이모, 안녕!"
"다음부턴 혼자 와. 이모가 기다릴게."

시후에게 두 달마다 찾아오는 이발은 여전히 곤욕이다. 불쾌한 촉감과 고통스러운 소음 속에서 시후가 끝까지 이겨내는 힘은 미용실 이모가 10초 후 자기 머리를 이쁘게 만들어 준다는 경험을 통한 믿음이 있어서다. 물론 10초 동안 곁눈질로 이모의 이발 솜씨를 예리하게 감시하기도, 수 나열을 제대로 하는지 지켜보긴 한다. 그럼에도 미용실 이모의 10초에 기대 꿋꿋이 '고초'를 이겨낸다.

불안이 높은 발달장애인에게 있어서 무엇보다 중요한 것은 예견가능성이다. 예견된 결과는 안정을 제공하고 그에 따른 돌발행동을 미리 예방할 수 있다. 10부터 거꾸로 세어 내려오는 것은 단순한 숫자 나열이 아니다. 그 셈은 어려운 과제 속에서도 평정심을 유지할 원천이다. 다름에 대한 배려 덕분에 우린 편안하게 미용실을 다닐 수 있게 되었다.

누군가에게 평범한 일상이 때론 소수에겐 고난일 때가 있다. 그러나 그 고난이 평범해지는 것이 불가능한 것은 아니다. 미용실 원장님의 숫자 마법으로 우리 시후 마음에는 평온이 찾아왔다. 섬세한 이해가 빛을 발하는 순간이었다. 시후는 이발이 마음에 들었는지 입꼬리를 살짝 올린 셀카를 핸드폰에 선물하고 잠들었다. 머릿결이 유독 부드러웠다.

7. 아홉 시 십오 분, 삼천 원을 건네는 남자

　　　　주말의 육아전쟁을 보내고 난 월요일 아침, 둘째 시율이가 유치원에 등원하는 순간, 나에게 자유가 찾아왔다. 설레는 마음은 유치원 앞 메가커피에 도달했을 때 걷잡을 수 없을 정도로 증폭됐다. 메가 오더라는 스마트한 주문 방식이 있음에도, 직접 누르고 결제하며 기다리는 아날로그적 수고로움이 그 설렘을 잔잔하게 이어갔다.

　이 카페는 이따금 주문이 밀려있을 때 더 행복하다. 조그마한 창을 통해 흘러나오는 커피 향을 오랫동안 즐길 수 있어서다. 고소한 향을 맡던 아홉 시 십오 분, 어김없이 그가 왔다. 하늘색 체크무늬 셔츠와 댄디한 검정 반바지, 깔끔하게 쳐올린 짧은 머리에 더해진 흰머리는 내 가슴을 두근거리게 한다. 그의 커피 주문 방식은 나와 다르다. 오히려 나보다 더 깊은 맛을 즐기는 것 같다.

"카페라테 하나."

호주머니 속 빨간 지갑에 반듯이 접혀있던 3천 원을 꺼낸 그는, 100원을 돌려받는 일과 스탬프 하나를 찍는 일도 잊지 않는다. 핸드폰 번호를 입력하면 스탬프가 찍힌다는 종업원의 설명에도 꿋꿋이 핸드폰 바코드를 열어 점원에게 전달하는 수고로움을 만끽한다. 그렇게 도장 하나가 찍힌 핸드폰을 받고서야 그는 편안히 의자에 앉아 커피를 기다린다.

커피를 먼저 건네받고도 나는 자리를 떠날 수 없다. 그가 주문한 커피를 오른손으로 받고 카페 문을 열어, 횡단보도의 초록빛을 확인하고 건너서야 묘한 안도감을 느낀다.

그가 떠나고 내가 작은 창을 열어 점원에게 조심히 물었다.

"방금 카페라테 사신 중년 남성분, 자주 오시나요?"
"네. 같은 시간에 오세요."
"직접 주문하시던데 번거롭진 않으세요?"

"괜찮아요. 조금 당혹스러운 순간이 있긴 하죠."

느리지만 오차범위 없는 일련의 과정을 지켜본 난, 가슴이
두근거렸다. 당혹스럽지만 조금 다른 방식을 요구받은 점
원 또한, 가슴이 두근거렸다. 그녀와 난, 같은 자리에서 다
른 감정을 느꼈다.

점원의 가슴이 두근거렸다. 보통과 다른 손님을 맞이하는
일은, 그녀에게 쉬운 일이 아니다. 자신이 하는 말을 듣지
않고 로봇처럼 도장을 찍어달라고만 내뱉는 그가 이해되지
않았을 것이다. 그럼에도 그의 물결에 맞혀 유연하게 대처
한 그녀의 섬세함이 그에게 빛이 되었다.

나의 가슴이 두근거렸다. 그는 홀로 커피를 사기 위해, 얼
마의 시간과 노력을 공들였을까. 커피를 놓칠 수 없다는 그
의 강한 욕구는 스스로의 노력과 주변의 도움으로 입안 가
득 고소한 맛을 채울 수 있었다.

아침에 만난 중년 남성은 커피를 즐기는 발달장애
인이다. 자신이 정한 일련의 과정을 수행하며 얻은 결과물
에, 그는 안정과 성취감을 얻는다. 가끔 자신의 순서가 생각
지 못한 변수로 엉키는 순간에는 그의 뇌 회로도 함께 엉망

이 되어 버릴 것이다. 그리고 받아들이기 힘든 '낯선 과정'으로 설명 못할 감정변화를 겪곤 할 것이다. 그래서 그에겐 '커피 한잔 사는 일'이 단순한 소비활동이 아닐 수도 있다.

오전 아홉 시 십오 분, 나도 그처럼 따뜻한 카페라테를 한 잔 시킨다. 그의 커피가 나의 커피처럼 오늘 내내 따뜻할 수 있었던 이유는, 그녀의 유연한 시선 덕분이 아니었을까. 카페라테가 유난히 따뜻했다.

파	키	케	팔	로	사	우	루	스

시후가 다섯 살 되던 해, 숲세권으로 이사를 오며 집 앞에 있는 작은 산을 오르기 시작했다. 치료실 가는 길도, 편한 차보다 시후가 좋아하는 핫도그 하나 들고 그 길을 통해 걷는다. 이유는, 걷는 일이 시후에게 치료만큼 중요한 일과였기 때문이다. 느린 아이를 키우는 부모가 한 번쯤 들어볼 법한 이야기, '최고의 감통치료는 등산이다.' 논문상에도 발달 지연 아이들에게 등산은 대근육 발달, 각성 조절, 정서 발달 등 다방면에 도움을 준다는 연구 결과가 존재한다. 그렇게 우리도 걷는 일을 시작하게 되었다.

햇살이 좋던 어느 날, 시후와 함께 집 앞 산에 올랐다. 연둣빛 새싹이 파릇파릇 오르고 있어 걷기에 안성맞춤이었다. 지저귀는 새소리와 살랑이는 바람에 나뭇잎끼리 어루만져 내는 소리가 더해져 눈이 맑고 코가 상쾌했다. 더욱이

구불구불하고 고르지 못한 길을 찾아 뭉툭한 촉감을 작은 시후 발에 더했다. 발바닥을 간지럽히는 촉감은 이내 작은 발에 송골송골 땀방울을 가져다줬다. 털썩 주저앉은 녀석이 신발을 제멋대로 휙휙 던지곤 발바닥에 시원한 바람을 제공했다. 나는 시후 앞에 마주 앉아 작은 발을 조물조물 해줬다. 제법 시원한지 그저 자기 발에, 나의 손을 지긋이 바라보는 아이의 눈이 맑았다. 두 발을 코 가까이 가져가 쿰쿰 돼지 흉내를 내며 향기를 맡는 나의 모습이 재밌는지 거짓 없는 미소를 선사하기도 했다. 시후의 입꼬리가 눈꼬리와 만났다. 난 이 미소가 좋아 산을 벗어나지 못한다.

　　　　손을 맞잡은 아이가 어디론가 나를 이끌었다. 총총 걸음을 따라 발끝이 세워진 곳, 차곡차곡 채워진 계단을 만났다. 한 치의 오차도 없이 정결하게 놓인 계단을 바라보며 아이의 성장을 빗대어 봤다.

　시후는 시선 끝 너머의 반짝이는 정상을 정복하고 싶은 듯 서둘러 손을 당겼다. 매번 이끌었던 나의 손은 그 계단 앞에서 시후에게 온전히 맡겨 아이의 보폭을 따라갔다. 시작점에서 거침없던 아이의 패기는 채 얼마 가지 못해 힘든 듯 속도가 나른해졌다. 그리고 결국 멈춰 섰다. 작은 녀석의 다리에 무리가 왔을까 싶어 무릎을 낮춰 통통한 종아리와 단단한 허벅지를 쓰다듬어 온기를 전했다. 그 순간 아이는 계단 저 끝 너머로 손을 가리켰다. 그리고 나도 아이의 시선에 방향을 맞췄다.

아이의 손을 움켜쥤다. 내 손아귀에서 꿈틀대는 작은 움직임을 멈춰 세워야만 했다.

"시후야. 아니야. 안돼! 말하면 안 돼!"

시후가 가리키며 활짝 웃던 그 무언가가 계단을 타고 아래로, 우리 곁으로 점점 다가오고 있음이 느껴졌다. 벗어나고 싶었으나 이미 퇴로가 없음을 깨달은 난, 시후에게 주문을 걸었다.

"이따가. 이따가. 제발!"

나의 바람과 달리 아이는 우리 곁에 다가온 머리가 유독 시원한 할아버지를 정확히 가리키며 뱉고 말았다.

"파키케팔로사우루스!"

자신이 가장 사랑하는 공룡을 산에서 만난 희열을 그렇게 크게 전하고 싶었던 시후의 목소리는 유별나게 우렁찼다. 막을 틈도 없이. 그 순간 내가 할 수 있는 최선은 삿대질하는 시후 손을 움켜쥐는 일과 재빠른 사과뿐….

"죄송합니다!"

다행인 것은, 등산하시던 할아버지는 파키케팔로사우루스가 대머리 공룡임을 모르셨다는 것이다. 알아들을 수 없는 꼬마 녀석의 살라 살라를 시큰둥하며 지나가시는 할아버지는 산에서 내려가는 일에 집중하셨다. 자신이 사랑하는 공룡을 만난 시후는 떠나가는 공룡 할아버지의 뒷모습을 애틋하게 바라보았다.

"파키케팔로사우루스 어디가?"

"…………."

3장

힘들지만 불행하지 않다

1. 2년만에 완성한 음파 발차기

시후가 여섯 살이던 해 겨울, 널을 뛰는 감각 불균형으로 시작한 수영은, 시후가 가장 좋아하는 수업이다. 2년 넘는 경력은 수영복이 네 번 바뀔 만큼의 신체적 성장과 더불어 넓은 어깨, 쫙 뻗은 키를 선사했다. 하지만 수영 진도는 여전히 발을 살랑이는 헤엄에 멈춰 있었다. 잠수를 유도하는 수영 선생님의 지시에도 모르쇠로 일관하는 천진난만함에 선생님은 고개를 떨구고 만다. 하루는 수업이 끝나고 선생님이 미안함 가득한 얼굴로 나에게 다가왔다.

"어머니, 음파를 해야 하는데 거부해서 진도를 많이 못
　나갔어요. 수강료도 비싼데."
"괜찮습니다. 진도 걱정 안 하셔도 돼요."

"컨디션 살피면서 놀이랑 진도, 잘 섞어서 진행할게
요."

수영을 시작한 이유는 오롯이 시후의 편안함 때문이었다.
진도에는 욕심이 없었다. 그저 '오늘 수요일이야? 수영 가
는 거야?' 라며 빙그레 웃으며 설레어 하는 아이의 미소가
좋았다. 그러던 어느 날 힘차게 물살을 가로지르며 지나가
는 다른 친구들 사이, 유유자적 고액 물놀이를 즐기는 시후
를 바라보며 순간 허탈해지기 시작했다. 불쑥 끓어오른 나
의 욕심을 꾹꾹 눌렀다.

"오늘의 즐거움이 우선이지."

그런 내 마음을 알고 그랬는지, 아이는 수영하는 중간중간
나와 눈을 마주하며 손을 흔들었다. 통유리 속 아이는 활짝
웃으며 물속에서 구름 밟듯 사뿐히 헤엄쳤다. 나와 가장 먼
레일에서 첨벙첨벙 나에게로 왔다. 그러고는 통유리를 사
이에 두고 물속에 숨었다 나오기를 반복하더니 두꺼운 통
유리에 작은 손을 가지런히 놓았다. 나도 아이 손에 맞대 가
까이 다가갔다.

"엄마. 안녕."

우리 손 사이의 차가운 유리가 따뜻해졌다. 그 온도에 속아 나의 욕망은 스르륵 녹았다. 수영 수준에 비해 마음을 다루는 기술은 수준급이다.

그러던 어느 날, 수영 선생님으로부터 연락을 받았다. 상반기 레벨 테스트 일정이 다음 달로 잡혔는데, 시후가 도전해 봤으면 좋겠다는 생각이 들어 전화를 주셨다고 했다. 주책맞게 심장이 뛰기 시작했다. 그러나 선뜻 답을 하지 못했다. 망설이다가 선생님의 강한 제안에 못 이기는 척 받아들였다. 그리고 그날 이후, 부드러웠던 상어 선생님이 변했다.

"박시후! 발! 팔 쭉 펴야지! 끝까지- 끝까지!"

갑자기 차가워진 선생님에 낯설어진 시후가 얼떨결에 레일 끝까지 힘껏 발을 찼다. 되돌아오라는 선생님의 호통에 생글생글 웃으며 걸어온 아이는 선생님 등에 새끼 거북이처럼 매달렸다. 선생님은 고개를 떨구며 시후 미소에 박자를 맞췄다. 선생님도 시후 미소에 속아 결국 아빠 거북이가 됐다. 그렇게 시후와 선생님은 밀고 당기며 음파 발차기 완성을 향한 여정에 나섰다.

태권도 띠처럼, 수영도 레벨에 따라 수영모의 색깔이 다르다. 1단계 파란 수영모인 시후는 늘 2단계 주황 수영모를 갈망했다. 그러나 발차기는 생각보다 힘들었고, 음파를 하기는 하지만 늘 볼에 물이 가득했다. 호흡하라는 선생님의 호통에도, 빨간 입술 끝에 힘을 줘 물줄기를 선생님께 보냈다. 그 장단을 선생님 또한 놓치지 않았다. 이윽고 두 손바닥을 포개 손 물총을 만든 선생님은 시후를 따라갔다. 쫓아가는 선생님, 도망가는 시후.

"선생님은 상어 해. 시후는 가오리 할게요."
"그럼 갈 때는 발차기하고 올 때는 선생님이 상어 할게."

뭐라도 가르치려 부단히 노력하는 선생님의 모습에 나는 혼자 피식 웃고 말았다. 그러기를 한 달여, 대망의 테스트 날이 됐다. 시후는 활짝 웃으며 결승점을 통과했다. 그리고 선생님 품에 와락 안겼다.

아이는 '레벨 테스트'의 의미를 알지 못한다. 레벨 테스트를 위해 모인 35명 친구 사이, 유일하게 해맑은 아이는 시후 뿐이었다. 1퍼센트의 긴장감도 없이, 수영 선생님을 마주 보며 레일 시작점에 서 있는 아이는 달콤한 미소를 선생님께 보냈다. 출발 신호와 함께, 평소와 같이 발끝에 힘을 줘 정제된 물결에 살랑살랑 바람을 일으켰다. 성큼성큼 선생님 가까이에 이르렀을 때 선생님의 소리 없는 입 모양에 아이는 고개를 투명한 경계 사이로 부드럽게 오르락내리락 했다.

'음파. 음파.'

어느새 도착한 레일 끝에서 선생님은 시후를 쓰다듬었다. 아쉬운 시후는 그 지점을 다시 시작으로 하늘을 마주 보며 누워 물결에 온전히 몸을 맡겼다. 그 모습을 지켜보던 우리 모두, 시후의 감촉을 온전히 함께했다.

2년 동안 수영에 투자한 비용만 따진다면, 이제야 통과한 레벨 1은 보잘것없을 수도 있었다. 그러나 우리에게 있어 수영의 기준은 '화려한 기술 습득'보다, '지금, 이 순간 얼마나 행복한가'였다. 시후는 수영을 통해, 스스로 나아갈 수 있는 자신감을 얻었고 숨이 턱턱 막히는 물속에서도 시야와 숨을 조절해, 자신의 길을 찾았다.

수영에서 이 에너지와 즐거움을 기억해, 앞으로 시후가 주도적으로 살아갈 삶에 스스로 기준을 세우고 앞에 놓인 것들을 정확히 바라보며 자신의 방식으로 걸어가길 기대한다. 수영처럼 앞으로 시후가 만들어 갈 삶이 여전히 행복할 것임을 알기에, 난 설렌다.

2. 괴물과 아빌리파이정

무너지다

　　평소와 같이 잠자리에 들어간 아홉 시, 화장실에 다녀오겠다며 일어난 시후는 화장실 문턱을 채 넘지 못하고 엎드려 움직이지 않는다. 오늘도 괴물이 시후를 찾아왔다. 어젯밤은 50분가량 머물다 간 고약한 녀석이, 오늘은 한 시간이 지나도 떠날 생각이 없다. 덥지도 않은 밤공기에 시후는 알 수 없는 이유로 온몸을 웅크린 채 땀을 뻘뻘 흘렸다. 손바닥과 맞닿은 작은 얼굴은 범벅이 된 땀과 붉은 기운만 가득해 안쓰러워 지켜볼 수 없을 지경이다. 억지로 일으켜 세우려 할수록 더욱 밀착되는 손과 얼굴은 붉은 기운이 사라지고 창백함만 남았다. 자신을 지키려는 듯 동그랗게 몸을 말고 웅크린 모습에 가슴이 아리다 못해 찢겼다. 속상함은 이내 답답함으로 변해, 뱉어선 안 되는 지껄임을 쏟아냈다.

"도대체 왜 못 일어나는 거야. 괴물 없다고. 엄마도 너무
힘들다."

땅속으로 꺼질 듯 더 깊이 파고드는 아이 옆에 앉아, 혼이 나간 듯 그저 멍하니 자리만 지켰다. 고요함도 잠시, 시후는 웅크린 채 기어와 내 무릎에 얼굴을 파묻었다.

"엄마, 지켜주세요."

무뎌질 만도 한데, 아이의 절규와 고통을 목격하는 날에는 마음도 사정없이 무너지고 찢겼다. 그런 날, 우리는 서로를 의지하듯 부둥켜 안고 오랫동안 울어야만 숨을 쉴 수 있었다.

"엄마가 미안해. 겪지 않아도 될 고통을 안겨줘서 미안
해."

시후는 이따금 원인을 알 수 없는 불안과 두려움에 몸서

리쳤다. 그리고 어떤 날은 기분이 좋다 못해 넘쳐 자기 세상에 갇혔다. 주변이 보이지 않는 것처럼. 치솟는 각성과 함께 무작정 달려 마주오던 자전거와 부딪칠 뻔했던 아찔한 순간도 있었다. 롤러코스터를 탄 듯 기분이 엎치락뒤치락하는 모습이 보일수록 불안했다. 유치원, 치료실, 집에서까지 지속된 모습에 불편해 하는 아이에게 내가 할 수 있는 것은 아무것도 없었다. 그렇게 혼란의 시간을 보내다가 1년 전 예약해 둔 소아정신과를 찾았다.

각성 조절에 어려움, 불안, 거기에 추가로 나오는 주의력 결핍 등의 이유로 처음 의사로부터 건네받은 것은 '아빌리파이정 1밀리그램'이었다. 오롯이 아이의 편안함을 이유로 약을 시작했다. 이미 오랜 시간 고민했고 피할 수 없다는 걸 알고 받아온 약이지만, 부모가 자신의 사랑스러운 아이에게 정신과 약을 건네는 건 쉽지 않은 일이다. 손에 약을 놓고, 죄책감과 두려움을 마주했다.

"이거 뭐예요?"
"의사 선생님이 우리 시후 편안하게 해주는 약이라고 줬는데 먹어볼까?"

알약도 너끈히 삼키는 모습에 가슴 끝 먹먹함이 일렁였다. 아빌리파이정 1밀리그램을 복용하고 유치원에 데려다주던 길, 나는 차 안에서 여전히 맑은 시후 모습에 순간 약을 먹은 사실조차 잊은 채 달렸다. 유치원 정문에서 밝게 인사를 건네고 들어가는 시후의 뒷모습을 지켜보며 나는 선생님의 발걸음을 감히 멈춰 세웠다. 전날 병원에서 들은 의사의 소견에 따라 처방받은 약을 오늘 아침 복용 후 등원했다고 자세히 전달하며, 오늘 하루 잘 지켜봐 달라는 간절함도 전달했다. 아이가 유치원에 있는 네 시간이 지독하게 가질 않았다. 결국 평소보다 서둘러, 깊은숨을 고르고 아이를 맞이하러 갔다. 하원 시간, 그런데 시후는 나오지 않았다. 글썽거리는 눈망울을 가진 선생님만 나오셨다.

"어머니, 지켜보는데 눈물이 나서 혼났어요."

작은 알약 한 알의 효과는 지독했다. 아이는 눈에 초점이 흐려지고 픽 쓰러져 꼬꾸라졌다. 꿰다 놓은 보릿자루처럼 앉혀놓은 그 자리에서 선생님께 기대어, 그렇게 하루를 보냈다고 했다. 유치원 안에 들어가 시후를 데리고 나오는 길에 선생님도 울고, 나도 울었다. 그리고 서둘러 병원에 다시 전화를 했다.

"선생님, 약 먹고 일상이 안 돼요!"

평소 불안과 예민함이 높은 시후에게 약은 반응이 세게 왔다. 의사는 바로 시후가 약에 대한 반응이 예민하니 알약의 반을 쪼개 먹이고 3일 지켜본 후 여전하면 다시 연락을 달라며 처방을 변경했다.

복용을 고민하는 당신

발달장애를 겪는 아이들의 많은 수가 일곱 살 생일이 지나면 약을 권유받는다. 당연히 부모는 정신과 약을 두고 깊은 고민에 빠진다.

'누구를 위한 복용인가.'

고민은 크게 두 가지 경우로 나뉜다. 아이를 위한 것인지, 타인을 위한 것인지. 시후의 경우는 감각 불균형 및 높은 불안으로 인한 일상의 불편과 충동성으로 위험한 상황이 눈에 띄면서, 약 복용을 더 이상 미룰 수가 없었다. 아이는 여섯 살 가을 서울대병원에서 초진과 각종 검사를 받고, 학령기에 약을 먹을 수도 있다는 소견을 받았었다. 서울대 진료 후 저명하다는 개인 소아정신과 전문 병원에 예약을 했고 1년의 대기 끝에 서울대가 아닌, 그곳에서 약 복용을 시작했다. 여전히 서울대병원과 교차 진료를 진행함에도 약은 그곳에서 처방받지 않았던 이유는 약물이 가져다주는 변화와 그에 따른 부작용은 먹지 않으면 예측할 수 없는데, 그에 따른 반응이 나왔을 때 즉각적으로 해결 방안을 제시하기엔 큰 병원은 재진까지 대기가 길다는 사실때문이다. 그래서 우리는 1년을 대기한 개인 소아정신과 병원을 선택했다.

처음 아빌리파이정을 복용하던 날도 마찬가지였다. 단지 '쳐질 수 있어요.'라는 설명과 함께 전해 받은 아빌리파이정 1밀리그램은 시후를 쓰러트렸다. 전혀 예측하지 못한 상황이었고, 바로 병원에 전화해 의사와 조율할 수 있었던 점이 내가 우려했던 상황이었다.

정신과 약은 약 종류에 따라 보편적 지속시간, 효능, 부작용이 있다. 그러나 말 그대로 보편적인 정보이고, 복용하는 사람에 따라 나오는 결과치는 다를 수 있다. 그러기에 옆집 아이에게는 맞는 약이, 내 아이에겐 안 먹느니만 못한 경우도 발생한다.

약 복용을 결정하면서 우리는 시후가 만나는 주변 모든 분께 약 복용 사실을 알렸다. 약을 먹음으로써 가장 혼란스러운 사람은 당사자, 아이다. 어느 날 갑자기 침투된 약은 아이를 쳐지게도 하고, 이유를 알 수 없는 감정변화를 발생하게 한다. 그럴 때 불편함을 즉각적으로 표현하지 못하는 아이 곁에 도움을 줄 어른과 전문지식을 겸한 담당의는 필수다. 그래서 나는 시후가 약을 먹기 시작하면서 기록도 하기 시작했다. 약 복용 시간, 종류, 집과 유치원 치료실에서의 모습 등을 세세히 적었다. 또 정기진료 전에는 시후가 만나는 모든 분께, 지난 약 복용 기간에 특이점을 묻고세세히 기록한 후에 담당의에게 제시하고 고민을 나눴다.

아이가 건네준 노란 약

갑자기 찾아온 서늘한 바람 때문인지, 몸이 으슬으슬 좋지 않아 남편에게 아이들을 부탁하고 침대에 머리를 눕혔다. 얼마 후, 꿈처럼 귓가에 시후 목소리가 들렸다.

"엄마. 노란 약 여기 있어요."

깜짝 놀라 눈을 떠 보니, 시후가 내 곁에 와 있었다. 키다리장
맨꼭대기에 넣어둔 주의력 약(페니드정)통을 꺼낸 시후는,
빡빡한 약 뚜껑을 스스로 열고 거기서 꺼낸 노란 약 한 알을
오른손에 쥐고, 왼손에 자신의 어몽어스 물컵을 들고 있었다.
그동안 편안하게 해준다고 아침마다 챙긴 약을, 아픈 엄마를
편안하게 해주기 위해 의자를 밀어 넣어 까치발까지 드는 수
고로움을 감수하면서 손수 꺼냈다. 뒤뚱거리며 내 앞에 선 시
후는 달콤하게 주의력 약을 건네고 만족스러운 표정으로 사
라졌다. 아이가 건넨 진심에, 뜨끈한 기운이 잔잔히 퍼졌다.
이내, 그 온도는 코끝에서 절정을 이루다 울컥하며 쏟아져
버렸다. 덕분에 몸살 기운도 순식간에 날아갔다.

약을 복용한다고 자폐성 장애가 사라지는 않는다. 그러
나 알 수 없는 불안에 100분가량을 엎드려 땀 흘리는 고통
은 완화됐다. 그 외에도 아이는 선글라스를 착용해 시각적
자극에 대한 불안을 조절하려 애쓰고 있다. 각성에 따라 시
시때때로 변화하는 감정은, '무슨 일이야?'라는 질문에 전
환이 되었고 짧게라도 이유를 설명하려 애쓰게 됐다. 모델
뺨치는 호리호리한 신체는 아빌리파이정 부작용으로 봉긋

솟은 배를 얻었지만 조금씩 편안해지기 시작했다.

　　　어느덧 약을 복용한 기간이 2년에 접어든다. 긴 시간 동안 복용하며 느낀 것은 약물보다 중요한 것이 있다는 것이다. 바로 아이를 어루만지는 일. 내가 감히 짐작할 수 없는 고통에 아이가 허덕이는 그 순간, 나는 조명을 낮추고 잔잔한 클래식을 튼다. 그리고 시후 곁에 누워 경직된 아이의 몸 마디마디를 주무른다. 우리는 이렇게 오늘도 불청객과 맞서 싸우며 단단해져간다.

3. 여덟 살 아들에게 생긴 신분증

 장애 등록을 마음먹은 건, 아이가 초등학교에 입학하고 나서였다. 사실 나의 결심은 꽤 늦은 편이었다. 하고 싶지 않았고 미룰 수 있다면 최대한 그러고 싶었다. 그러나 학교 안에서 시후를 바라보는 시선은 달랐고 나와 타인의 시선엔 틈이 벌어지기 시작했다. 어쩌면 공식화하지 않는 것이 나의 욕심일지도 모른다는 생각이 가슴을 짓누르기 시작했다. 그 시기, 시후의 정기검진을 위해 소아정신과를 찾았던 날 의사로부터 권유를 받았다.

"시후, 등록하는 건 어때요? 나중을 위해선 필요할 수 있
 어요."

두 시간 넘는 시간 동안 진행된 검사에서 아이는 낯선 페이퍼를 앞에 두고 실랑이를 벌였다. 흐려지는 초점, 차오르는 짜증, 이내 도달한 각성. 결국 아이를 대변할 결과지에는 낯선 시후만 존재했다. 손끝에서 떨어지지 않던 먹먹한 결과지를 장애 등록을 위해 제출했다. 한 달여를 기다렸을까, 원치 않던 소식은 이른 아침 도달했다. 결국 올 것이 오고야 말았다.

　　　뜯고 싶지 않은 봉투를 두 손에 잡고 구깃구깃 짓누르기를 한참, 소파 깊숙이 몸을 쑤셔넣고 봉투 끝을 찢었다. 첫 장, 첫 문장에 쓰여 있는 '장애정도 결정서'. 예고편도 없이 훅 들어온 망치에 가슴이 아파왔다. 먹먹함이 밀려왔다. 접힌 서류뭉치를 반듯이 하려면 할수록 반대로 마음은 더 구겨졌다.

　부모가 아이의 장애를 받아들이고, 등록을 결심하는 데는 수많은 내적 갈등을 경험한다. 그럼에도 불구하고 오직 내 아이를 위한 일이라는 확신이 서는 순간, 그 결심을 행동으로 옮긴다. 그렇게 수년간 고민하며 다지고 다진 가슴이었음에도 불구하고 '장애정도 결정서'를 받는 순간 나는 주저앉았다. 강인하다고 생각했지만 나 역시 크게 다르지 않았다. 그러고도 그 고통은 거기서 끝나지 않았다. 채 뜯지 못한 봉투를 이리저리 주물러도 빳빳한 무언가가 잡히지 않았다.

'복지 카드가 빠졌나?'

누구도 절차에 대한 설명을 해주지 않았었다. 장애인으로 공식화되며 '장애인 복지서비스'라는 명목 아래 얻게 되는 일련의 무엇들이 있다. 발달 재활서비스, 장애인자동차 표지 발급, 세금 할인, 장애인 활동 지원 등이 해당한다. 그러나 이 서비스는 누구에게나 제공되는 것이 아니고 세부적 조건이 부합되고, 필요 서류를 각자 찾아본 후에 갖춰야 비로소 신청할 수 있다. 복지 카드 역시, 장애정도 결정서를 구비하고 재차 주민센터에 신청해야만 했다.

류승연 작가의 『사양합니다, 동네 바보 형이라는 말』에 보면 '장애 컨설턴트'에 대한 언급이 나온다. 책을 읽는 동안에도 공감하지 못한 컨설턴트를, 시후의 장애 등록을 진행하며 절실히 느꼈다. 복지서비스는 원스톱 지원 방식이 아니다. 기관별 흩어진 정책들이 당사자 신청에 따라 심사 후 제공된다. 더불어 담당자인 각각의 공무원은 정책들의 세세한 신청 방법을 알지 못하고 '담당 부서에 문의하세요.'라고 답하기 일쑤다. 목마른 자가 우물을 파야 하듯이, 여러 기관에 재차 전화하고, 각각에 맞는 신청 서류를 갖추어 제출하게 된다. 그 덕분에 아이를 장애 등록하며 겪는 슬픔은 이미 잊혀진다. 감사하게도.

장애가 있는 아이의 부모는 이동이 쉽지 않다. 그러나 이러한 서비스를 제공받기 위해 아이와 동행하여 서류를 준비한다. 불편한 아이의 입장과 동행하는 부모의 걸음걸음을 조금만 이해해주고, 서비스 성격에 맞게 배려가 있는 정책이 만들어졌으면 좋겠다.

각종 서비스를 신청하던 어느 날, 시린 신분증이 나에게 왔다. 네모 프레임 속에 환하게 웃는 시후가 있었다. 행여 내 아이의 맑음이 '장애정도 중증'에 가려질까 순간 겁이 났다. 멈추고 싶지만, 차오른 뜨거운 것이 제어되지 않았다. 이내 아이의 장애 복지 카드를 끌어안고 하염없이 울고 말았다. 미소가 이쁜 우리 시후는, 너무 이른 나이에 자신을 증명할 카드를 받았다.

그날 복지 카드 속 시후를 어루만지며 다짐했다. 지금은 비록 작고 각진 네모 안에서 환하게 웃지만, 시후가 살아갈

머지않은 내일에는 함께하는 사회 안에서 환하게 웃으며 살아갈 세상을 꿈꿀 수 있게 엄마가 항상 동행하겠다고. 시후의 걸음에 사회가 함께할 수 있게 힘내겠다고 맹세했다. 그리고 아무 일 없었다는 듯 시율이 손을 잡고 등원 길에 올랐다.

"시율이 계단으로 갈 거야."

"계단이 왜 좋아?"

"빨리 가는 엘리베이터 시러. 천천히 계단이 좋아."

다섯 살 꼬마는 내게 묵직한 메시지를 던지고 홀연히 유치원으로 들어갔다.

누구에게나 알맞은 속도가 있다. 우리 어여쁜 시후의 시간은 다소 느릴 뿐이다. 세상의 아름다움과 주변에서 느끼는 사랑을 시후 세상의 깊은 울림을 통해 더 오래 즐기라고, 시후는 내게 느림을 선물해 주었다. 시율이의 말처럼 '천천히 계단'이 좋듯, 느릿느릿한 시후의 삶을 사랑한다.

4. 미칠 사회성

나는 미련한 짓을 때려치웠다

　　친구와 나누는 이야기보다 선생님과의 귓속말이 즐겁고, 예측할 수 없는 친구의 마음보다 매뉴얼대로 척척 쌓아 올리는 규칙에 만족하며, 정답이 딱 떨어지는 수학 연산 풀이가 더 좋은 시후다. 세 살 때부터 최근까지 의사가 강조한 것은 사회성이다. 그동안 나에겐 '미칠 사회성'이었다. '친구와 접할 기회를 많이 제공해 주세요.'라는 명령 같은 의사 말에, 친구와 만남을 주기적으로 제공한 적도 있다. 그런데 나는 이 미련한 짓을 때려치웠다.

　　여느 때처럼 친구를 집으로 초대해 자연스러운 놀

이를 제공했던 그날, 아이가 사라졌다. 그리고 어디선가 쿵쿵하는 소리가 깊어지기 시작했다. 소리를 따라갔을 때 집 안 깊숙한 곳에 자리 잡은 옷장 앞에서 걸음을 멈췄다. 덜컹거리는 둔탁한 소리와 함께 옷장문이 펄럭이고 있었다. 앞뒤로 교차하는 그 사이로, 까만 눈동자가 스쳤다. 금방이라도 떨어질듯 맑은 무언가를 가득 품고 있는 눈망울이었다. 문을 조심스럽게 잡고 천천히 열었을 때, 아이 눈에 맺힌 불안과 원망이 이내 쏟아지기 시작했다. 어리석은 난 그제서야 뭔가 잘못됐음을 인지하기 시작했다. 그리고 그날 이후, 이 지긋지긋한 '만남'을 그만뒀다.

물론 치료를 그만둘 수는 없다. 그러나 주 5일 빼곡히 돌아가는 일정도 모자라 주말까지 수업 같은 이 놀이에 아이를 넣는 일은 않기로 했다. 대신 사회성에 가장 알맞은, 다른 환경을 고민했다. 정답은 늘 가까이에 있는 그곳, 유치원이었다. 하루 중 가장 반짝이는 시간, 많은 또래와 적당한 시간 동안 섞이는 곳에서 아이는 선생님과 함께 주변의 친구를 지켜보기 시작했다. 유치원에서는 매 학기 '개별화 교육 회의'를 진행한다. 발달 영역과 누리과정 영역으로 세분화하고, 한 학기 동안 아이에게 필요한 부분을 학부모와 유치원이 논의, 계획을 세워 실행한다. 그렇게 시후는 3년의 세월 동안 특수교사와 담임교사 아래 세심한 보살핌을 받았다.

첫 시작은 '또래와 눈을 맞추고 상호작용을 할 수 있도록 일과 중 애정 훈련 제공'이었다. 서류만으로도 따스한 햇살 느낌이 전해져 미소 지었던 기억이 난다. 그래서였을까? 얼마의 시간이 지난 후부터 시후는 집에서 새로운 요구를 하기 시작했다.

"엄마 간질간질해 주세요. 시후 안아 주세요!"

일곱 살 큰 형님이 된 지금도 잠자리에 들 때면 "엄마 사랑해. 시후 뽀뽀해 주세요."라며 나와 눈을 맞추고 진심 어린 애정을 훈련 중이다. 그러나 이제 나는 진심 어린 잠자리 독립을 원한다. 독. 립.

유치원 졸업을 앞둔 일곱 살의 12월에 마지막 개별화 교육 평가서를 받았다. 마지막이라는 아쉬움에 시작된 눈물은, 서류 속에 담긴 선생님의 마음을 확인하고 하염없이 쏟아져내렸다.

사회성이란 또래와의 상호작용이 가능한가를 묻는 발달 영역이 아니기 때문에 또래와 함께 한 공간 안에서 규칙을 지켜 자신의 역할을 다하는 것에 초점을 맞추는 게 중요함. 이 초점에서 시후의 사회정서 발달 영역을 본다면 또래와 갈등 상황 없이 자신의 놀이를 즐겁게 하는 학급의 한 구성원의 역할을 다하는 어린이로 관찰됨.

그동안 '미칠 사회성'의 틀에 갇혀 끙끙대는 나에게, 선생님이 전해준 편지였다. '어머니, 시후 진짜 잘하고 있어요.' 라고 말이다.

사회성이 없어 보입니까?

일곱 살 2학기 학부모 참여 수업은 1학기 때와 달리 부모와 함께하는 체험으로 구성되었다. 큰 기대 없이 도착했을 때, 유치원 마당에 우두커니 서 있는 바이킹을 보았다. 그것은 우리에게 환상의 나라 콜럼버스 대탐험보다 장엄했다. 그 옆에는 따끈한 즉석 솜사탕이 함께 했다. 시후의 유치원 재학 기간 중 가장 밝은 미소를 남발했던 때다. 그러나 100여 명의 재학생에게 제공된 바이킹 한 대로, 시후에

117

게 허락된 승차권은 1회. 그저 아쉬움이 가득했다. 다음 프로그램인 민속놀이, 만들기, 블록 놀이 따위는 눈에 들어오지 않았다. 그리고 계속 물었다.

"바이킹은?"

참여 수업이 점심시간 전에 끝나면서 시후와 나는 점심시간 후에 만나기로 약속 후 헤어졌다. 그러고도 행여 바이킹에 대한 아쉬움으로 생떼를 부리고 있지 않을까 걱정이 앞서, 나는 유치원으로 서둘러 돌아왔다. 그런데 시후가 보이지 않았다. 혹시 시간을 잘못 챙겼나 싶어 재차 확인했으나 아니었다. 앞마당은 여전히 바이킹이 자리를 지키며 열심히 운행 중이었다. 나는 유치원 안도 기웃거리며 시후를 한참 찾았다. 그런데 보이지 않았다. 혹시나 해서 바이킹 쪽으로 다시 시선을 옮겼다. 그때, 바이킹 가운데 커다란 덩치의 남자아이가 눈에 들어왔다. 안전바를 굳게 잡고 있던 아이는, 시후였다. 두 눈은 감고 있는데 입꼬리와 어깨는 한껏 솟아 있었다. 그런데 혼자가 아니었다.

바이킹을 향한 시후의 아쉬움을 옆에서 조용히 지켜보던 분이 계셨다. 선생님이셨다. 바이킹에 맘을 뺏겨 어딜 가든 집중하지 못한 시후가 점심을 먹는 동안에도 바이킹을 찾자, 시후의 모습이 마음 한편에 남아있던 선생님이 조금 이른 하원과 함께 시후와 유치원 앞마당을 다시 찾은 것이다. 그리고 같이 타자는 시후의 손에 이끌려 그 자리를 지키고 계셨다. 그날 내 뇌리엔 선생님과 마주 앉아 안전바를 맞잡은 시후의 손, 그 모습이 그림처럼 박제됐다.

그날 저녁, 선생님께 연락드려 '덕분에 시후가 행복한 하루를 보낼 수가 있었다'고 감사함을 전했다. 이윽고 반짝이는 눈망울을 하고 시후가 다가왔다. 선생님과 주고받는 메시지 속 바이킹 사진을 오랫동안 바라보던 시후가 의외의 말을 건넸다.

"박소연 선생님한테 카톡 할 거야."

그러고 나서는 고사리손으로 글자 하나하나를 집으며 마음을 담아 보냈다. 시후는 자신만의 방식대로 고마움을 전했다. 선생님과 내가 주고받는 메시지를 이어받은 시후가 살짝 곁들인 것이다. 나는 선생님과 시후가 나누는 그 창에 오랫동안 머물고 싶었다.

앞으로 시후가 살아가는 삶에 '외로움'이란 친구가 동행할지도 모른다. 지금 이렇게 이쁜 마음에 상처라는 녀석이 들어온다는 생각이 들 때면 마음이 아려온다. 그렇다고 힘들어하는 아이 등을 떠밀어 다시 그 속에 밀어 넣고 싶지는 않다. 여전히 나는 삶 속에서 시후가 타인과 섞여 사는 법에 대해 고민한다. 일반적 사회성을 기준으로 놓고 본다면, 우린 실패다. 사회적으로 정의 내린 그 사회성에 부합하지 않는 내 아이가 살기에 이 세상은 아직 힘들다. 그러나 그 사회성이 꼭 필요한 것인지는 의문이 가득하다.

5. 땡땡이

어느 부부나 육아에 있어 이견이 존재한다. 우리 부부도 다르지 않다. 그러나 눈빛만으로도 통하는 것이 있는데 바로 여행이다. 주변에서 아이가 어릴 때 하는 여행은 기억에도 남지 않는 비효율적 행위라 칭하는 분들이 계신다. 그러나 우리 부부는 그 비효율적 행위를 멈추지 않는다. 이유인즉, 김영하 작가의 생각과 같다.

부모와 함께 바다를 갔고 바다에 대한 좋은 감정은 남아서, 구체적으로 어느 해수욕장인지 잊어버려도 나중에 바다에 가면 편안하고 따뜻한 마음이 들 듯이 좋은 감정은 남는다.

시후가 네 살 되던 해부터 본격적으로 시작된 여행은 둘째 시율이가 태어났을 때도 주춤하지 않았다. 또한 시후가 초등학교 들어가고도 마찬가지였다. 오히려 개별화 교육계획 회의에서 여행을 공포하며 공식적인 땡땡이를 허락받았다.

> "선생님. 올해 여행을 자주 다니려 합니다. 고로, 체험학
> 습을 자주 제출하겠습니다. 양해 부탁드립니다."

따스한 햇살과 상쾌한 찬바람이 어우러진 4월, '벚꽃'을 이유로 우리는 속초로 떠났다. 새파란 하늘은 설레었고 그 경계와 맞닿은 속초 바다는 맑고 잔잔했다. 물을 좋아하는 아이, 바다에 굶주린 난, 곱고 부드러운 모래를 가만히 둘 수 없었다.

> "신발 벗을 거야."
> "응. 시후 하고 싶은 대로 해."
> "바다 들어갈 거야."
> "엄마도 같이 할까?"

벗어 던진 운동화에 양말을 구겨놓고 시후 손을 잡았다. 나

를 이끄는 아이 손에 제법 힘이 느껴졌다. 그 시선 끝에 아이는 바다처럼 맑았다. 차가운 모래와 꺼끌거리는 촉감의 불편함을 느끼기도 전에 시원한 파도가 다가와 휩쓸고 갔다. 염탐하던 시율이는 우리의 첨벙거림을 확인하고서야 신발을 벗어 던지고 동행했다. 불안과 경계의 벽이 높던 시후는 스스로 그 허물을 무너트리기 시작했다. 까슬거리는 촉감도, 발을 감싸던 차가운 파도도 이젠 방해되지 않았다. 물론, 갑작스러운 갈매기의 울음은 여전히 적응되지 않았다. 그럼에도 현재를 즐기고, 느끼고 있었다.

붉은빛 석양이 내리자 벚꽃 야경을 외치던 남편이 재촉하기 시작했다. 꽃에 관심이 없던 그가, 올해 유독 꽃을 찾았다. "덩치에 안 어울리게 무슨 꽃?"이라며 퉁명스럽게 건넸지만, 인스타그램 여기저기를 기웃거리며 핫한 벚꽃 명소를 찾는 그를 지켜봤다. 그렇게 찾은 곳은 '속초 영랑호'였다. 넓은 호수를 감싼 핑크빛 꽃망울에 미리 설레어 하며 우린 그곳으로 달려갔다. 그러나 인생이 계획대로 되지 않듯, 지난 달까지 강원도에 내린 눈의 여파로 벚꽃은 여전히 꽃망울에 멈춰 있었다. 이렇게 넓은 호수에, 제대로 핀 나무 하나쯤은 있지 않겠냐며 걷기 시작했다. 그렇게 한 시간을 넘겨 걸었으나 만개한 꽃나무는 끝내 보이지 않았다. 출발

할 때의 아이들 미소는 사라지고 남편 다리에 매달린 시율이는 더 이상 움직일 수 없다는 신호를 온몸으로 표현하기 시작했다. 그리고 시후도 다르지 않았다.

"택시 불러 주세요!"

시후의 한마디에 묵직해진 종아리가 스르륵 풀렸다. 힘들 때 웃기는 놈이 진정한 승자 아닌가. 우린 두 시간 가까이 걸었다. 아쉬웠던 것은 출발점의 벚꽃이 가장 이뻤다는 사실이다. 나는 아이스크림을 먹으며 벤치에 앉아서, 시후에게 물었다.

"영랑호에서 뭐가 제일 좋았어?"
"빠삐코!"
"엄마도 지금이 제일 좋다."

나무 밑에 떨어진 벚꽃 잎을 코에 가까이 가져가 눈을 감는 시후에서 다가갔다.

"뭐해 아들?"

"좋다."

'좋.다.'라는 말에 땡땡이를 멈출 수 없었다.

6. 경찰 엄마

재능기부

　　잊고 지낸 나의 직업은 시후가 여섯 살 되던 해 유치원 선생님으로부터 상기됐다. 하원길, 담임선생님과 특수선생님은 평소와 달리 머뭇거리셨다. 분명 부탁할 것이 있어 보였는데 선뜻 건네지 못하는 모습에, 먼저 묻게 되었다. 그리고 대책 없이 답했다.

　'무조건 하겠습니다!'

성장하며 단짝이라는 명패를 갖지 못한 시후에게 하원하는 길, 반갑게 인사를 건네는 같은 반 친구를 보는 날에는 쿨

하게 손을 흔드는 시후에 비해, 난 얼음이 되곤 했다. 낯선 광경에 어찌할 바를 몰랐다. 그리고 꽤 오랜 시간 고민하다 가 선생님께 물었다.

"선생님 친구들은 시후를 어떻게 생각하나요?"
"친구들은 시후가 다르다고 생각하지 않아요. 다만 도움 이 필요한 친구라고 생각하죠."

다름을 이상함으로 받아들이지 않고, 그저 도움을 줘야 한 다고 생각한다는 아이들의 마음에 저릿했다. 어릴 적 통합 교육은, 올바른 사회적 인식의 시작점이 된다. 아이들은 어 른들이 만든 잣대보다 자신의 눈앞에 놓인 상황과 느껴지 는 감정에 유연하다. 이것이야말로, 진심에서 우러난 인권 감수성 아닐까. 따뜻한 아이들 마음에 보답하고 싶었다. 그 래서 덜컥 재능기부를 받아들였다. 본격적인 준비 전, 시후 의 동의가 필요했다. 하원 후 식탁에 앉아 사과를 맛있게 먹 는 아이에게 다가가 물었다.

"엄마가 경찰 변신해서 유치원 가도 돼?"
"네."

시선은 사과에만 닿아 있었으나, 분명 아이의 입을 통해 나온 '네!'에 집중하고 준비를 시작했다.

경찰관서에서 유치원 등 기관에 출장 나와 교육하는 주제는 거의 정해져 있다. '어린이 교통안전, 학교폭력 예방 활동, 사전 지문 등록 및 실종 예방 교육 등.' 분명 매년 받았을 아이들에게 똑같은 이야기를 전하고 싶지 않았다. 그리고 6세에 맞게 보여주고 체험할 수 있는 것이 무엇일까 고민했다. 시후가 유치원에 가 있는 네 시간 동안 자료를 모으고 수업을 준비했다. 하원해서 집에 돌아온 두 녀석을 앉혀놓고 예행연습을 하던 중, 몇 날을 들어주었던 시후가 마침내 소파를 박차고 일어났다.

"그만 하세요!"

'녀석, 그래도 많이 참았군.' 하며 아이들이 잠자리에 들면 몰래 도둑 연습을 하였다. 그 시간이 좋았다. 그저 설렜다.

그날이 왔다. 3년만에 옷장을 벗어난 근무복은 여전히 반듯하게 주름이 잡혀있었다. 상의를 걸쳤을 때, 어깨부터 허리까지 기분 좋은 긴장감이 감돌았다. 시후를 갖기 전 입은 하의에 출산 후 늘어진 아랫배를 밀어 넣었다. 그리고 양손에 경찰 장비를 한 아름 안고 교실 문을 열었다. 처음 눈이 마주친 아이, 우리 시후다. 반짝이는 눈빛으로 어색한지 살짝 웃어 보이더니 나를 향해 걸어와 품에 안겼다.

"엄마, 태블릿 주세요."
"조용히 해."

내가 교실에서 뱉은 첫마디였다. 순간 어색해진 분위기를 모면하려 어설픈 미소로 아이 등을 떠밀었다. 그리곤 자연스럽게 아이들 앞에 섰다. 여자 경찰관이 신기한 듯 바라보는 아이들의 초롱초롱한 눈빛에 마음이 콩닥콩닥 일었다.

교실 앞에, 작은 교탁이 마련되었다. 가져온 것을 하나씩 교탁 위에 올려놓자 아이들의 작은 탄성이 쏟아져 나왔다. 이내 선생님은 힘드니 앉아서 하라며 작은 의자를 가져다 주셨다. 나는 귓속말로 고백했다.

"앉을 수 없습니다. 바지가 터질 수도 있습니다."
어색한 웃음과 함께 선생님은 시후 곁으로 가셨다.

이야기를 거듭할수록 아이들은 호기심 가득한 질문을 쏟

아냈다. 에너지를 한몸에 받은 그 순간, 이쁘게 앉아있는 아이가 있었다. 나의 사랑, 시후다. 없어야 할 곳에 엄마가 있어서였을까, 익숙한 트레이닝복이 아닌 낯선 옷을 입고 있어서였을까. 나누는 이야기에 집중하고 진한 눈빛을 보냈다. 다수의 친구 사이에 섞여, 아이와 내가 주고받는 이 시간이 뭉클했다.

'아, 오길 잘했다.'

그 순간 시후가 느끼는 감정과 경찰 엄마에게 갖는 궁금증은 묻지 않았으나, 나의 이야기를 묵직이 앉아 듣는 것 자체만으로 나에게는 큰 행복이었다. 그 후 친구들의 리얼 궁금증이 쏟아져 나왔다. 고차원적 질문에서부터 상상도 못한 질문까지. 특히, 시후네 자동차는 경찰차냐는 질문이 매우 신선했었다. 여섯 살들의 생각이 귀엽고, 사랑스러웠다. 내가 경찰이라, 내가 시후 엄마라, 참 좋은 하루였다.

그렇게 아쉬운 마무리를 하고 나왔다. 당연히 시후의 소감이 궁금했다. 그래서 집에 돌아와 책상에 마주 앉아 물었다.

"엄마, 유치원 간 거 어땠는지 일기 써볼까?"

그런데 돌아온 대답이 충격이었다.

"또 오지 마세요."

친구들과 이야기 나눈 엄마에게 샘이 난 걸까. 아니면 한 시 삼십 분 칼 하원을 못 지켜서였을까.

'오늘 너와 난 동상이몽이었구나.'

다시 물었다.

"엄마 유치원 가서 싫었어?"
"네."
"왜?"
"(짜증 섞인 말투로) 그냥 시러요."

나를 보며 항상 웃어만 주던 아이가 보여준 질투 섞인 새초 롬한 모습에 눈을 뗄 수가 없었다.

엄	마	가		아	파	요

코로나 팬데믹 시절, 무성한 소문이 가득했던 아스트라
제네카를 맞았다. 아파봤자 얼마나 아프겠냐며 우습게 봤
는데 백신을 맞은 그날, 나는 남편에게 도움을 청하고 앓아
누웠다. 아무 기억이 나지 않는다.

기억이 나지 않았던 그날의 기억은 시후 일기를 보고 상
기했다. 자신을 하루 종일 좇아다니며 갈구하던 엄마가, 침
대와 한몸이 되어 누워있는 모습을 보니 자기 딴에 꽤 걱정
이 앞섰는지, 아귀에 힘을 모아 열심히 주물렀던 모양이다.
기억나지 않는 그 소중한 순간이 아쉽다.

타이레놀에 힘입어 정신을 깨웠다. 온몸은 침대에 거치
고, 눈을 희미하게 떴다. 한 손에 파란색 태블릿을 잡고, 나
와 눈이 마주친 시후는 소스라치게 놀랐다. 뭣 때문일까 필
요도 없을 순간이었다.

"엄마 눈 감아요!"

태블릿을 뺏길 수 있다는 본능적인 감각이 솟구치는 것을 한눈에 알아봤다. 고사리손의 주물 주물에 더해진 타이레놀 덕분에, 난 태블릿을 회수할 수 있었다.

"엄마 회사 가세요!"

오랫동안 못생긴 얼굴로 서운함을 표시했지만, 그럼에도 난 그 못난 얼굴도 사랑한다.

4장

우리들도 1학년

1. "나는 선생님이 세 개 있어요."

학교 준비

　　특수교육대상자로 선정되면 초등학교를 입학할 때 특수학교, 초등학교의 특수학급(도움반), 일반학급 이렇게 세 가지 방향이 제시된다. 일곱 살 가을, 초등학교 진학을 앞두고 유치원 선생님과 상담이 진행됐다. 3지망까지 우리가 원하는 특수학교 또는 초등학교를 작성했다. 각 지망 유형별로 장, 단점이 있으며 가장 중요한 것은 현재 아이가 수행할 수 있는 능력과 특성을 잘 파악하고 지원하는 것이 최선이었다. 만일 초등학교의 특수학급 또는 일반학급에 배치를 희망하는 경우 주거지 학군으로 배치가 되는데, 혹여 특수학급 진학을 원하는데 해당 학교에 특수학급이 없다면 학교장의 승인을 받아, 주거지와 가까운 학교로 배치된다. 시후의 경우, 학군 내 초등학교에 특수학급이 미설치되어 있었다. 할 수 없이 집에서 가까운 특수학급이 설치된 초등학교에 입학하게 됐다.

관내 특수학급이 설치된 학교의 리스트는 특수교육청 사이트에 잘 정리되어 있다. 따라서 생각한 학교 리스트를 가지고 입학 전에 아이와 미리 방문하고 상담할 것을 권한다. 특수교사와의 상담을 통해 학교의 정원, 보조 인력 지원 범위, 지원 시간, 특수학급을 생각한다면 어떤 시간에 어떻게 지원받을 수 있는지 등을 구체적으로 물어, 내 아이와 잘 맞고, 편안하게 학교생활을 할 수 있는지를 따져봐야 한다.

입학이 확정되면 입학식 전 예비 소집일에 아이와 특수교사를 정식으로 만나게 된다. 그때 기본적인 사항과 현재 아이의 상태 등을 점검하고, 초등학교 입학을 위해 남은 두 달 정도의 시간 동안 익혀야 하는 기본 과제들을 받아오게 된다. 그리고 선생님과 상담이 끝나면, 가능하다는 전제하에 아이가 생활할 학교를 구석구석 살펴보길 권한다. 시후는 낯선 것에 대한 거부감이 높으나 시각적 정보를 받아들이는 속도가 높아, 예비 소집일 학교에 방문했을 때 특수교사에게 부탁드려 교실, 화장실, 운동장 등 학교 내부(교실,

책상)를 함께 살피고 사진으로 담아왔었다. 그리고 남은 두 달의 시간 동안 찍어둔 사진을 함께 보며 학교 준비를 했다.

새로운 시작

드디어 입학하는 날. 떨리는 마음을 안고 따뜻한 아이 손을 잡고서 학교로 향했다. 이제 진짜 초등학생이다. 입학식이라 나를 포함한 학부모들이 아이의 본격적인 사회생활을 응원하기 위해 교실 뒤를 가득 채웠다. 커다란 덩치로 맨 뒷자리에 착석한 시후 옆에는 또래 친구가 아닌, 선생님 한 분이 앉았다. 바로 특수실무사 선생님이다. 아이는 지루한지 온몸에 힘을 줘 기지개도 켜고 몸을 좌우로 흔들흔들하며 낯선 환경으로부터 자신을 지키고 있었다. 긴장한 채 얌전히 앉아있는 친구들 사이 유독 눈에 띄는 녀석에게, 다른 학부모들이 자연스럽게 시선을 보냈다. 순간 시후에게 다가가 흔들거림을 멈춰 세울지 고민했으나, 스스로 대처하도록 기다렸다. 그러나 누군가의 제지도 없던 그 순간, 시후의 행동에 의문을 가졌던 학부모가 특수실무사 선생님에게 다가가 질문을 했다.

그렇다. 시후의 표현을 빌리자면, '나는 선생님이 세 개 있어요.' 상황이 되었다. 유치원은 한 개의 특수학급당 정원이 네 명인데 반해, 초등학교는 여섯 명이다. 적응의 난이도가 높아졌으나 정원이 함께 늘었다. 고로, 학부모 사이에서는 보조 인력을 사수하기 위한 노력에 심혈을 기울인다. 우리 경우도 마찬가지. 예비소집일과 개별화교육계획회의를 통해 보조인력을 부탁드렸고, 감사하게도 특수실무사 선생님이 시후 옆에서 도움을 주셨다. 특수학급에 있는 시간은 특수교사의 지원을 받고, 일반학급에서 수업받을 때는 담임교사와 특수실무사의 중복 사항을 받으며, 또래 사이에서 함께 생활하게 되었다.

사회성은 없지만 인복이 있는 아이

3월 2일 1학년 1반 교실에서 처음 뵌 시후 담임선생님은 남자였다. 극세사처럼 세세한 시후 감정선을 굵은 선을 지닌 선생님이 알아차릴 수 있을까, 걱정했던 그날의 부질없음은 불과 며칠이 지나지 않아 박살났다. 시후를 알아가기 위해, 황금 같은 주말 '통합교육' 연수를 신청하신 선생님은 한결같은 행보를 이어갔다.

남다른 시후를 행여 불편하게 여길까 걱정돼, 먼저 주의력 약 이야기를 꺼냈을 때도 '제가 더 신경 쓸 테니 약 먹지 않으셔도 됩니다.'라며 되려 학부모를 달랬다. 그러던 어느 날 사건이 일어났다. 1학년 교과과정은 무리 없이 따라갈 거로 생각했던 내 생각은 첫 받아쓰기 날 산산조각 났다.

시후의 알림장 공지가 울렸다.

'받아쓰기 틀린 문제 한 번 쓰고 보호자 확인받기'

'첫 받아쓰기부터 백 점을 맞으면 곤란한데' 속으로 생각하며 설렘을 안고 아이 책가방을 서둘러 열었을 때 터져 나온 웃음을 참을 수 없었다. 나의 웃음이 안중에도 없던 시후는, '오늘의 간식'을 찾아 헤매는 하이에나처럼 냉장고를 뒤적이기 바빴다. 이내 새어 나오는 웃음을 아랫입술로 숨기고 엄숙한 척 건넸다.

"시후, 여기 앉아. 엄마랑 이야기 좀 해."
"왜요?"
"엄마랑 받아쓰기 100점 맞기로 약속하고 갔잖아. 이거 봐. 몇 점이야?"
"실패했어! 이거 동그라미 해주세요!"

심각한 표정의 시후를 두 팔을 동그랗게 말아 포근히 안았다. 이렇게 귀여운 빵점은 없다. 처음에는 의문이 들었다. 분명 빵점인데, 떡하니 쓰여있는 점수는 90점이었다. 하단의 빈칸에 틀린 문제를 적기 시작했다. 사실 시후는 다 틀렸기때문에 달리 접근했다. 1번부터 차례로 재시험을 시작했다. 틈틈이 나오는 어려운 문항은 슬쩍 힌트를 주기도 했다.

'시후 엄마 입 잘 봐봐. 쳐~~~었 다.'

그렇게 차례로 적어 내려가다가 7번 문항쯤 왔을 때 담임 선생님이 떠올랐다. 그리고 그가 적은 90이라는 숫자가 달리 보이기 시작했다.

긴박한 공기 속에서 치러지는 시험에 시후는 아무것도 들리지 않았을 것이다. 나름 적으려 노력했으나, 속도를 놓친 박자는 쉽사리 따라갈 수 없었고 이내 쫓아가기 힘든 상황까지 멀어진 거리에 놓이자 모든 것을 내려놨다. 답안지를 건네받은 선생님은 채점에 집중했다. 척척 쌓아가는 친구들의 백 점 시험지에 흐뭇한 미소를 채운 그는, 허전한 시후의 시험지를 발견했다. 빨간펜으로 사선을 그었지만, 헛헛한 마음에 결국 90이라 적고 마음을 달랬다.

1.
2. 학 안
3.
4.
5. 줄무늬가 있어요.
6. 가
7.
8. 마음 약을
9. 마 청어요

90

2023. 11. 22
(감사합니다)
2023. 11. 23

---

1. 늦어서 미안해.
2. 한 번 싶다.
3. 좋아한 내요
4. 줄무늬가 있어요.
5. 함께 놀아요.
6. 설명 합대서
7. 가난한 사람들
8. 옛날 옛적에
9. 마음 먹었어요.
   맞혔어요.

시, 청각이 예민한 시후는 시, 청각 주의력이 낮다. 더구나 학교에서 다수의 친구와 함께하는 시간이면 그마저 있던 능력도 현저히 떨어진다. 그럼에도 다행인 것은 1:1 상황에서 본인의 능력이 조금 발휘된다는 것. 특히 엄마와의 시간에 그렇다는 것을 선생님은 알고 계시다.

결국 그는 90점이란 붉은 숫자에 시후의 성장 가능성을 염원했다. 그의 마음이 시후에게 전해졌을까, 어느 날부터 주말 나른한 오후면 시후는 선생님을 찾기 시작했다.

"권영남 어디 있어?"

"권영남 선생님이라고 해야지! 선생님 뵈러 학교 갈까?"

"아니!"

그리고 종업식날이 다가왔다. 헤어짐을 아는지, 시후는 칠교놀이 활동을 검사받다가 자리를 이탈하는 척 선생님 뒤로 가, 맑은 미소와 함께 와락 안았다. 시후는 지난 1년을 시후만의 방법으로 그에게 보답을 했다. 다소 느리고 일방적인 방법으로 자신의 감정을 표현하는 시후는, 정돈되지 않은 감정 뭉텅이를 상대에게 툭 건네고 해죽 웃고 돌아선다. 얼떨결에 묵직한 뭉치를 건네받은 선생님은 느린 진심의 타격감에 헤어 나올 수 없었다. 선생님은 우리에게 전했다.

"시후는 사랑을 줄 수밖에 없는 아이입니다."

그림 일기

| 3 | 월 | 1 | 일 | 금 | 요일 | 날씨 | 추 | 워 |

제목	권	영	님		선	생	님	
	안	녕		시	옥	예	요.	나
는		슬	퍼	요.	선	생	님	이
	보	고	싶	어	요.	봉		이
오	면		아	기		동	물	까
지	개	게		갈		거	예	요.
봉	이		오	면		만	나	요.

2. 63점이 전해준 선물

       여섯 살 시후의 지능검사에서 놀라운 수치를 확인했다. 전반적으로 낮은 수치였으나 충격적인 사실은 작업 기억에서 매우 낮음 판정을 받았다는 사실이다. 검사를 진행했던 임상심리사는 검사 결과와 함께 학습 지도 방향을 설명하며 우리에게 '일기 쓰기'를 권했다. 공포스러운 지능 점수 63점을 받던 날, 시후의 써 내림이 시작되었다.

  작업 기억이란, 감각 기관을 통해 입력된 정보를 단기적으로 기억하며 능동적으로 이해하고 조작하는 과정을 일컫는데, 한마디로 인풋(input)된 정보를 얼마나 아웃풋(output)하여 사용할 수 있는가를 묻는 것이다. 한글을 한 글자씩 써 내려가는 녀석에게 첫 일기를 어떻게 시작할까, 고민하다가 떠오른 것이 그림일기였다. 그러나 난감했다.

일기는 하루 일과 중 기억에 남는 것을 쓰는 것인데, 시간 대부분을 유치원에서 보내는 아이는 일과에 대한 피드백을 나에게 전할 수 없다는 것이다. 결국 선생님께 도움을 요청했다.

"어머니 시후의 하루를 간단히 기록해 드릴 테니 집에 가셔서 물어봐 주세요."

하원 후 퀴즈 풀 듯 수첩을 보고 질문을 하기 시작했다. 오늘을 기억하는지, 대답을 해줄지 아이 뒷꽁무니를 쫓아가며 묻는 일이 그저 신이 났다. 그렇게 특수교사와 한 팀이 되어 시후의 작업 기억을 위한 프로젝트를 진행했다.

일기에 담는 것은 특별한 것이 아니다. 기억 회상, 그림 그리기, 즉각적으로 답하기가 어려운 시후를 위해 글로 마음을 전하는 것이다. 선생님은 유치원에서 시후 표정과 반응을 관찰하여 노트에 기재했다. 행여 시후가 기억하지 못할까 걱정되어 일과가 기록된 사진도 함께 보내주셨다. 또한 자기 또는 타인의 감정을 읽는 것이 미흡한 시후를 위해 감정에 관한 도서와 놀이 카드를 자주 접하게 도와주셨다. 일기의 질은 나날이 상승했다.

하는 김에 다양한 소재로 생각 쓰기를 시도했다. 놀이 후에 쓰는 감상, 독후활동, 편지 쓰기, 여행 후기 등 경험을 통한 끄적임을 강조했다. 행여 종이에 써 내려가는 게 지루할까 싶어, 카카오톡 PC 등 쓸 수 있는 다양한 매체도 활용했다. 이젠 핸드폰 메시지 보내는 속도가 할머니보다 빠른 시후다.

6년 만에 복직한 날의 첫 야간근무 날을 잊지 못한다. 일도 손에 잡히지 않던 밤이었다. 바쁜 와중에 남편으로부터 메시지가 도착했다. 이내 앱을 열었을 때 보낸 사람은 바로 시후였다.

'엄마 시후야. 엄마 사랑해.'

매일 잠자리를 함께했던 엄마가 그리웠던 시후는 남편에게 핸드폰을 요청하며 노란 앱을 찾았다고 했다. 허둥지둥 핸드폰 여기저기를 찾던 아이는 '엄마한테 카톡 할 거야.'라며 자신의 마음을 내게 보내왔다. 짧은 문장의 여운은 지금떠올려도 먹먹하다.

시후는 지금도 말하는 것보다 쓰는 것에 더 솔직하다. 아무엇도 없는 낱장에 줄줄이 적는 일은 나 역시도 쉽지 않다. 최근에는 아쉽게 일기가 싫다는 시후다. 아마 써 내려가는 과정의 어려움을 알아챈 것 같다. 나 역시 글을 써보니 시간을 거듭할수록 어려운 과정이라는 걸 뼈저리게 느낀다. 대신 시후는 편지 쓰기에 빠져있다. 특히 코로나 격리 기간은 훌륭한 단련의 시간이었다. 시후는 친구들과 선생님께 매일 편지를 썼다. 그리고 격리 해제와 함께 이쁘게 차려입고 집배원처럼 하나씩 나눠주는 뜻깊은 이벤트도 했다.

여섯 살에 한글을 익히고 그해 9월부터 일기 쓰기를 시작했다. 첫 그림일기 주제는 시후의 성향을 듬뿍 반영한 소재들이었다. '유치원 점심 메뉴.' 먹는 것에 진심인 시후에게는 대단히 강렬한 매개였다. 맛있었던 메뉴를 적는 일에서 시작된 일기는 현재 한 장을 빼곡히 채우는 단계까지 올랐다. 그렇게 시작된 기록은 계속 진행 중에 있다. 아이만의 색깔로 적어나가는 글로 시후는 미흡하지만, 더듬더듬 세상과 소통해 가고 있다.

3. 활동 보조인

낯선 사람의 방문

장애 등록 결정서를 받을 때는 '복지서비스'라는 명목 아래 다양한 혜택들이 기재된 서류도 함께 받는다. 그중 하나가, '활동 보조 지원'이다. 활동 보조 지원이란 신체적 또는 정신적인 장애로 혼자서 일상생활이나 사회생활이 어려운 중증장애인에게 활동 지원을 제공하는 서비스다. 만 6세 이상의 장애인복지법상 등록장애인이 신청할 수 있다. 미취학 아동의 경우 보통 학교 입학 전에 신청하는 경우가 많은데 시후는 학교 입학 후에 장애 등록을 하면서 함께 신청했다. '사회활동 지원' 분야에서 지원받기 위해 주민센터에 제출했다. 신청서를 작성하면 해당 서류는 장애인복지법에 따라 장애 상태와 등급 조사가 이뤄지고 보통 한 달 내로 국민연금공단 직원이 가정에 방문하여 실사가 이뤄진다. 우리는 신청서를 제출한 지 며칠 되지 않아, 실사를 위한 공단 직원이 집으로 방문하기로 약속을 잡았다.

실사의 이유는 당사자가 실제로 얼마나 수행 가능한지를 확인하고 필요한 시간을 배정하기 위한 절차다. 엄마들 사이에서는 최대한 아이가 불협조적인 것이 필요하다는 설이 지배적이다. 여기서 첫 번째 관문이 시작된다. 잔뜩 긴장한 상태에서 실사 날이 되었다. 솔직함이 매력인 시후에게 할 수 있는 것을 하지 말라고, 연기해 달라는 건 불가능한 일이다. 잠시 후 약속된 시간에 정확히 벨이 울렸다. 문을 열었을 때 다소 경직되고 차가운 담당자가 서 있었고, 나는 인사를 위해 시후를 불렀다. 안방에서 뚜벅뚜벅 걸어 나온 아이는 현관문에 서 있는 여자를 보고 오른손 검지를 치켜세우며 큰소리쳤다.

"뭐야. 낯선 사람이야?"

입꼬리가 단단했던 그녀의 얼굴에 순간 옅은 미소가 퍼졌다. 분위기는 금방 따뜻함으로 채워졌다. 오늘도 우리 집에

온 '낯선 사람'은 시후 마법에 걸렸다. 담당자는 시후에게 질문도 하고, 보호자의 관점에서 활동 보조인이 필요한 이유를 자세히 물었다. 한 시간가량 소요된 면담을 포함한 실사 후에는 오늘 자료를 통해 위원회 심사를 거쳐, 결과는 해당 월말 통보될 것임을 전해줬다. 그리고 예정대로 마지막 날, 우리는 120시간을 통보받았다.

심사보다 어려운 활동 보조인 찾기

고난은 그때부터 시작됐다. 공단 측으로부터 안내받은 사이트에 들어가 지역을 지정하고 검색했는데, 우리가 살고 있는 지역에 한정하여 리스트를 뽑아 일일이 전화를 돌렸으나 결실이 없었다. 지역을 넓히기 시작했다. 그리고 다시 전화를 걸었다. 이번에는 처음보다 요구 조건을 줄였다. 활동 보조인을 연계해 주는 지원센터에서는 시후에 관한 기본사항을 물었고, 우리의 요구 조건을 들었다. 센터 직원은 최대한 찾아보겠지만 당장 연결이 어려울 수도 있다며 평이 좋은 곳은 1년 이상 소요될 수 있다고 미리 고지했다. 20여 곳의 문을 두드렸지만 연락 온 곳은 없었다. 그렇다고 손놓고 기다릴 수만은 없어 결국 조건을 최소화했다.

'치료실 수업 다녀오는 것과 간단한 간식 정도 챙겨주시
  면 됩니다.'

수십 통의 전화를 돌렸지만 역시 회신이 없었다. 복직은 임
박해 오고 매칭은 되지 않아 복직을 과연 할 수 있을지, 걱
정이 돼 잠이 오지 않았다. 심사에만 중점을 둔 나의 잘못이
었다. 신청과 실사를 통한 결과 통보는 한 달 안에 가능했으
나 매칭은 몇 달, 혹은 그 이상 걸린다는 것을 누구도 알려
주지 않았다. 접수한 곳에 재촉 전화를 걸 때마다 아직 하고
자 하는 선생님이 없다는 답변만 돌아왔다. 발등에 떨어진
불로 발만 동동 구르던 그때, 학교의 방역 선생님께서 '장
애인복지관'에 한번 문의해 보라고 제안하셨다. 그리고 큰
기대 없이 전화를 걸었다. 그런데 웬일, 잠깐만 기다려달라
며 다시 전화를 주겠다고 하는 게 아닌가. 이어 빠른 속도로
절차를 밟았고, 우리는 지금의 활동보조 선생님을 만났다.
  활동보조 선생님을 구하는 일이 쉽지 않기 때문에, 심혈
을 기울여 좋은 선생님을 찾아야 한다. 활동지원 연계센터
와 통화 전에 고려한 사항 중에는 거리, 치료실 이동 시 교
통편, 시간 조율 가능 여부 등이 있었다. 대부분 이런 조건
은 서로 조율하면 순탄히 이뤄진다. 그러나 가장 고민됐던

부분은 '경력자가 좋은가?'였다. 나도 처음 연계센터에 전화를 걸었을 때, 경력자를 선호한다고 매칭을 부탁드렸었다. 그런데 경력 유무가 업무를 시작하면서 유리할 순 있지만, 장기적으로 관계를 이어가야 하는 상황에서는 그렇게 중요한 부분이 아니라는 생각이 들었다. 오히려 경험이 많지 않더라도 아이의 특성을 잘 익히고 알맞게 대처하실 수 있는 유연한 분이 더 알맞다고 봤다. 그리고 최종적으로 아이를 기준으로 매칭되면 그때부터 우리는 같은 팀이 된다. 아이를 위한 최상의 팀이다.

텔레파시

평일은 근무와 육아에 정신이 없다. 여유는 저녁 식사를 모두 마치고서야 비로소 생긴다. 그날도 소파에 앉아 한숨을 돌릴 때에야 당일이 활동보조 선생님의 생신인 것을 알게됐다. 고민하던 그때, 트램펄린을 열심히 타고 있던 시후를 서둘러 불렀다.

"오늘 활동선생님 생신이래. 편지 쓸까?"
"알았어!"

안 쓴다고 하면 어쩌지, 무엇으로 거래해야 할지 고민하던 차였는데 아이는 흔쾌히 수락했다. 늦은 저녁 꾹꾹 눌러 담은 편지에 시율이의 케이크 그림을 담아 선생님께 메시지로 전달했다. 잠자리에 들 시간이어서 고민하다가 조심히 보낸 메시지에 선생님은 감동했다며, 시후에게 사랑 고백을 전해주셨다. 그리고 시후가 자신보다 키가 커질 때까지 함께하고 싶다고 계약 연장을 제안해 주셨다. 나는 그저 감사하다는 말씀밖에 드릴 것이 없었다. 그날 밤, 선생님은 카카오톡 프로필을 시후의 편지 사진으로 바꾸셨다.

　　　시후는 발달 속도가 느리다. 그리고 마음을 전하는 방식도 느리다. 그러나 마음의 무게는 가볍지 않다. 느리게 다가오는 감동은 더 묵직하고 깊어, 주변을 오랫동안 따뜻하게 만든다. 이것이 시후의 매력이다.

　활동 선생님은 오늘도 파프리카와 오이를 시후 손가락 길이에 맞춰 길고 얇게 썰어서 투명 락앤락 그릇에 담아 학교로 향한다. 오후 한 시 삼십 분이면 어김없이 학교 끝자락에서 담임선생님 팔짱을 야무지게 끼고 걸어 나오는 시후는 후문에 서 계신 활동 선생님을 발견하고 특유의 기쁨 최고조를 표현한다. 멀리서 활동 선생님과 가볍게 인사를 나

그림 일기

| A | 월 | 3 | 일 | 수 요일 | 날씨 | 조흠 |

제목	활	동	선	생	님			
		안	녕		시	늘	예	요	.		해
일		줄	하		해	요	.		선	생	님
한	테		코	끼	리			선	물		
줄	거	야	.		왜	야	면		코	끼	
리	가		머	있	으	니	깐	.			

눈 담임선생님이 시후에게 먼저 가도 된다고 건네주면 쏜살같이 뛰어 활동 선생님에게로 달려간다. 그리고 텔레파시를 보낸다.

"오렌지*!"

적당한 흰머리를 곁들여 단아함이 넘실대는 60을 갓 넘긴 활동 선생님은 주변에 아무도 없는 듯 시후에게 공격한다.

"찌지지지~~~"

찌지직 한방에 시후는 오전 동안 학교에서 받은 스트레스를 날려 보낸다.

---

* 저자 주) 오렌지는 시후가 좋아하는 '레인보우프렌즈' 캐릭터입니다. 그 오렌지는 전기를 사용해 공격합니다.

4. 부모도 1학년

시후와 함께한 시간 중 가장 힘들었던 시기를 꼽자면 초등 입학을 앞둔 시점이었다. 안정적인 아이에 비해 주 양육자는 극도의 불안으로 불안정한 상태가 지속되는데, 지내놓고 보니 정보의 부재로 인한 불안감 때문이었던 것 같다. 유치원과 사뭇 다른 초등학교, 특히 발달 지연·발달장애가 있는 아동의 초등 입학 준비는 접근이 쉽지 않다. 비싸더라도 사설센터에서 운영하는 학교 준비반을 아이의 안정적 학교생활을 위해 고민해 보지 않고 찾게 되는 이유도 여기에 있다.

시원한 바람이 살랑이는 가을이 되면 교육청 등 교육기관에서 아이들의 학교 준비를 위한 오리엔테이션이 마련된다. 여기서 아쉬운 것을 발견한다. 바로 '부모의 정서'를 놓치고 있다는 것이다. 시후가 아홉 살이 된 지금 되돌아 생각하니, 아이의 학교 준비보다 더 중요한 것이 있었다. 바로, 부모의 학교 준비이다. 부모가 불안하면 아이는 금세 눈치를 챈다. 특히 시후처럼 불안이 높은 아이는 더욱더 예민하게 느낀다. 반면에 부모가 편안하면 아이는 안정된 정서 속에서 용기를 갖는다.

아이의 학교 준비에 대해 다루는 것은 크게 네 가지이다. 기본생활 기술, 학습규칙, 학업수행 기술, 사회적 의사소통 등이다. 말은 거창하지만 내용을 들여다보면 일상생활에서 이미 행하고 있는 것들의 나열이다. 여기서 아쉬움이 남는다. 아이의 학교 준비처럼 부모의 정서 준비에도 세세한 에너지를 담는다면 어떨까.

초등 입학 전 1학년 교실을 둘러보고 자신의 자리에 앉아보는 등 미리 살펴본 아이와 아무런 준비 없이 입학한 아이는 입학식 당일 교실에서 맞이하는 긴장감이 다르다. 같은 맥락으로 선배 부모를 통한 경험을 공유한 예비 학부모와 그렇지 못한 학부모의 초등 준비도 시작점이 다르다.

선배 부모의 경험을 통한 개별화협의회 과정, 완전 통합과 부분 통합의 차이점, 학교와 현명한 협력 방법 등 학부모 관점에서의 간담회는 예비 학부모의 커다란 자산이 된다. 아이 이전에, 부모의 학교 준비가 우선되면 아이는 안정적으로 학교생활을 즐길 수 있다.

　　　내년 초등학교 입학을 앞둔 지수 엄마는 가을의 온기를 즐기지 못하고 있었다. 그녀가 건네는 걱정 덩어리를 듣고 있자니, 그녀의 불안은 지수가 아니라 그녀로부터 시작된 것이었다. 나는 지수 엄마에게 말했다. 아이는 부모가 상상하는 것보다 기특하게 적응하고 성장할 것이라고. 어쩌면 회당 10만 원이 넘는 학교 준비반보다 아이와 함께 주고받는 하루하루가 더 값지지 않을까 싶었다.

　시후는 사설 학교준비반 대신, 유치원에서 특수선생님의 지도로 초등학교 입학을 위한 준비를 시작했다. 수업 시간과 쉬는 시간의 구분, 자신의 물건을 정리하는 습관, 개인위생을 위한 준비 등 유치원에서 늘 해오던 일과를, '학교 준비'라는 타이틀로 변경하고 함께했다. 익숙한 환경에서 배우는 과정은 습득의 속도도 매끄럽다. 우리는 특수선생님의 섬세한 배려로 그렇게 안정적으로 입학을 하게 되었다.

　시후가 초등학교에 입학하고 이 주일이 채 못 되었을 때 '개별화 교육 계획(IEP)회의'가 잡혔다. 교감 선생님, 특수교사, 담임교사, 학부모가 참석하는 개별화 회의는 지난 3년의 경력을 대변할 만큼 매끄럽게 진행되었다. 그리고 그 마지막에 담임선생님이 끝맺음 인사와 당부의 말을 전하셨다.

"어머니, 제가 가끔 수업 종료종이 쳐도 수업이 남아있을 때 조금 더 하는 경우가 있는데요. 시후가 수업이 안 끝나도 종 치면 나갑니다. 시후에게 설명 좀 부탁드릴게요."

"종 치면 수업이 끝나는 거라고 알려줬는데요. 시후가 학교 준비를 너무 열심히 했나 봅니다."

시후의 귀여운 모습에 그 공간에 모인 우리는 모두 함께 웃으며 기분 좋게 회의를 마쳤다. 물론 수업이 끝나지 않았는데 먼저 자리에서 일어나는 것은 '문제행동'이 맞다. 그러나 시후 입장에선 배운 대로 행한 것, 종 치면 수업이 끝나는 것, 10분의 자유가 보장된다는 것.

엄한 분위기의 회의에서 학교 준비를 운운하며 재치 있게 시후의 행동을 감쌀 수 있었던 것은, 바로 '시후 엄마로서 학교 준비'를 하며 단단해진 마음 덕분이었다. 우리의 경우 시후의 유치원 특수교사였던 '박소연 선생님의 마음 수업'이 있었다. 선생님은 추상적이기만 했던 초등학교 과정에 관해 설명해 주시기도, 관련 책을 선물해 주시기도 했다. 그런데 선생님이 지난 3년 동안 힘쓴 부분은 바로 전문적인 특수교육 내용이 아닌, 우리 누구나 알지만 행하지 못하는 사실이었다.

"어머니, 지금처럼 사랑 듬뿍 주시며 시후 믿고 기다려
주세요. 분명 잘 해낼 겁니다."

그렇다. 학교 준비에 있어서 부모가 자녀에게 줄 수 있는 가장 큰 선물은 사랑을 통한 지지와 격려다. 아이의 눈에 띄는 행동에 즉각적인 제지보다 따뜻한 거리 두기가 아이에게 성장 기회를 제공한다. 우리의 할 일은 그저 믿고 기다려 주는 일 뿐이다.

시후는 어느덧 2학년이다. 여느 2학년과 마찬가지로 일요일 저녁이면 월요병 전조증상을 겪기도 하고 금요일 아침 등굣길에는 신이 나서 교문을 뛰어 들어간다. 그 곁에 나도 여느 학부모와 같이 박자를 맞춘다. 일요일 저녁 청소가 즐겁고, 금요일 아침 가라앉은 마음은 시후의 미소를 보며 애써 감춘다. 평일과 주말을 구분하지 못했던 녀석이 금요일의 열기를 즐길 줄 아는 초등학생이 되었다는 사실, 나는 그 사실이 그저 감사하다.

쥐	가		나	타	났	어	요

식사를 끝내고 난 저녁 시간이었다. 스케치북 하나, 색연필 한 뭉치를 끌어안고 온 녀석을 발견하고 자연스럽게 거실 한가운데 엉덩이를 끌어당겼다.

그림에 자신이 없는 녀석은 내게 그리기를 요청하고, 본인은 색을 입히는 일에 몰두한다.

"엄마, 티라노사우루스랑 안킬로사우루스가 싸워서 티라노사우루스가 앞 차기 해서 안킬로사우루스가 무릎에 멍든 거 그려주세요."

늘 자신의 요구 사항에 대해선 청산유수다. 낮은 테이블에 앉아 스케치북에 시후의 주문대로 다양한 공룡 열 마리쯤을 그렸을 때, 발끝에 먹먹함이 오르기 시작했다. 순식간에 종아리까지 타고 온 저림에 나는 다리를 붙잡고 뒤로 드러누웠다.

"아, 쥐쥐쥐!!!"

마주 보고 앉아있던 녀석은 놀란 나머지 자리에서 벌떡 일어
났다. 갑자기 뒤로 누운 엄마, 부여잡은 다리, 알 수 없는 쥐
의 등장에 동물 애호가 시후가 작은 눈을 동그랗게 뜨고 지
켜보다가 두 손을 모아 자기 입 가까이 가져가서는 외쳤다.

"고양이야! 우리 엄마를 도와줘!"

　다리에 일어난 경련을 생쥐로 알아챈 녀석은 절박한 순
간 고양이를 찾았다. 엄마의 다리를 공격한 눈에 보이지 않
는 쥐를, 생쥐 사냥꾼 고양이는 반드시 해결할 수가 있을
거라고 믿었으니까. 몽글거리는 눈망울과 통통한 고사리손
을 모아 만든 외침이 잔잔하게 뭉클거림으로 왔다. 다소 느
리면 어떠하리, 이렇게 따뜻한 것을.

5장

잘한다 자란다

1. 꿈에, 장애는 없습니다

e알리미가 수시로 울리기 시작하면서 새 학기를 체감했다. 예상대로 올해도 아이의 가방 속 우체통에는 매년 작성했던 서류가 어김없이 들어있었다. 가족 사항, 장단점, 담임선생님께 하고 싶은 이야기 등. 늘 적던 대로 막힘없이 앞뒤를 빼곡히 채웠다. 그런데 절반쯤 도달했을 때, 자리를 이탈해야만 했다. 진한 커피를 들고 창가로 와 아파트 넘어 산자락을 바라봤다. 달라지는 것은 없었다. 깊은 한숨과 함께 쓴 커피를 입안 가득 채우고 다시 서류 앞에 앉았다.

'부모가 원하는 장래 희망과 아이의 장래 희망'

어느 날부터 나를 고통스럽게 하는 질문이었다. 나는 꽤 오랜 시간이 지나고서야 이 기재란을 확신 없이 채웠다. 일곱 살까지 소방관이 꿈이던 시후가 여덟 살이 된 후부터는 '커서 뭐가 되고 싶냐'고 묻지 않았다. 여전히 소방관일 거라 생각하면서 가능성이 낮은 장래 희망보다 눈앞에 놓인 학교 적응 등의 현실을 더 중요하게 생각했는지도 모르겠다. 결국 시후 의사를 묻지 않고 작성을 끝냈다.

그러다가 어느 하굣길에 시후와 같은 반인 아이의 학부모로부터 예상치 못한 질문을 받았다.

"시후 아빠, 엄마 두 분이 경찰이셨어요?"
"아예, 어떻게 아셨어요?"
"우리 지연이가 집에 와서 얘기하더라고요. 시후가 어제
 발표할 때 말했대요."
"우리 시후가요?"

교실에서 말은 하는지, 친구와 이야기는 주고받는지, 수업은 듣긴 하는 건지 시후의 학교생활은 판도라 상자였다. 며칠 전 알림장에 '자기소개 발표'라는 문구가 신경 쓰였지만, 괜한 욕심을 부려서 서로 스트레스 받지 말자는 생각에, 알림장을 덮었었다. 그런데 그날 기습적인 질문을 받고

는 가슴이 두근거리기 시작했다.

　'우리 시후가! 교실 앞에 나와서! 발표를 했다고?'

더불어 엄마 아빠의 직업을 친구들 앞에서 전했다는 전언에 심장이 뛰기 시작했다. 내게 질문을 던지고 훅 떠난 학부모를 붙잡아 자세히 묻고 싶었지만 진정했다. 그리고 터벅터벅 걸어 나오는 시후에게 달려가 끌어안았다.

"아들, 사랑해!"

엄마가 오늘 왜 이러느냐는, 의아한 표정을 한 시후는 답답한지 내 품안에서 꿈틀거렸다. 순한 시후는 나의 응석을 잠시 받아주더니 더 이상 못 참겠는지 두 팔을 휘저으며 결국 터트렸다.

　"그만 하세요! 집에 가자!"

시후의 가방 속 우체통엔 또 서류가 있었다. 투명 파일 속 뒤집힌 서류를 만지작거리다 모서리 끝을 잡고 슬쩍 탐색했다. '2학년 2반 박시후'를 확인하고서야 서둘러 뒤집었다. 이내 우체통 모서리에 얹은 손이 뜨거워졌다.

'저는 경찰관이 되고 싶습니다.'

경찰 아빠와 경찰 엄마를 둔 시후가 소방관이 되고 싶다고 말할 때 가슴 한편에 서운함이 있었다. 한때는 경찰을 좋아했으면 싶었다. 그래서 실제 근무복을 입고 장난감 총으로 세팅한 후에 실제 같은 도둑 잡는 연기도 했었다. 그럼에도 불구하고 놀이 끝 소감은 늘 소방관이었다. 그러던 어느 날 시후의 꿈이 바뀐 것이다. 나의 직업이 아이의 꿈이 되자, 먹먹했다. 다른 친구들처럼 성장하며 꿈이 바뀌고 있다는 사실에 감사했다. 더할 나위가 없었다.

꿈꾸는 것에는 차별이 없다. 그리고 그것과 가까워지는 데 장애는 걸림돌이 되지 않는다. 가질 수 없다는 생각에 처음부터 시후에게 묻지도 않은 지난 시간이 미안해졌다. 시후 가방 속 서류 한 장으로 시선이 바뀐 것이다. 나는 오늘도 이상을 좇는 이상한 엄마이다. 시후의 꿈을 지켜주고 싶어졌다.

***

　　오랜만에 시후와 단둘이 나선 날. 조수석을 차지한 아이는 앉자마자 안전띠를 단단히 채운다. 차가 한참을 달리다가 신호대기와 함께 정지선에 멈췄을 때, 아이의 시선이 내게로 왔다.

　　"운전 똑바로 하세요!"
　　"응? 똑바로 하고 있는데?"
　　"두 손으로 잡아야지!"

적색 신호와 함께 잠시 가졌던 두 손의 여유가 따가운 눈초리 덕분에 자유를 잃었다. 그러나 난, 이 까칠한 꼬마 경찰관이 꽤 마음에 든다.

2. 미안한 손가락

안과 밖이 다른 여자

장바구니와 엘사 지갑을 움켜쥔 시율이를 37.2도의 애매한 미열로 꺾을 수 없었다. 그날은 아이가 기다리던 '마켓데이'였다. 이마에 맞댄 따뜻한 체온에 걱정이 앞섰지만, '쉴까?'라는 한마디에 한순간 치켜 세운 아이 눈썹을 보며 나의 염려를 넣어뒀다. 그리고 예정된 시후의 소아정신과 진료를 위해 서둘러 걸음을 옮겼다. 얼마의 시간이 흘렀을까, 무겁게 울리는 벨 소리는 예상을 빗나가지 않았다. 부리나케 달려간 유치원 놀이터에는 마켓 놀이가 한창이었다. 다섯 살 친구들 사이에서 분홍색 치마를 입은 시율이도 오픈런을 위해 장바구니와 지갑을 들고 서 있었다. 실룩이는 입꼬리엔, 다행히 38도의 체온은 느껴지지 않았다.

조심히 곁에 다가가 집에 가자고 제안했지만 싫다고 고개를 거칠게 저었다. 선생님과 눈빛을 교환한 난, 마트 놀이가 끝날 때까지 기다렸다. 얼마 후, 장바구니 두 개를 양손에 나눠 들고나온 아이의 이마는 여전히 따끈했지만 가득 채운 바구니에 어깨가 잔뜩 올라가 있었다.

"야호! 집에 빨리 가자, 엄마!"

'풀 소유' 시율은 친구들과 동일하게 제공된 쇼핑 기회를 쪼개 오빠의 선물을 챙겨왔다. '선물!'하며 시후 손에 쥐어준 바다코끼리와 도마뱀. 무소유 시후도 마음에 들었는지, 핑퐁 대화가 쏟아졌다.

"시율아. 바다코끼리가 힘이 세? 도마뱀이 힘이 세?"
"도마뱀이 힘이 세. 키가 크잖아!"
"아닌 거 같은데? 바다코끼리가 더 크잖아."
"오빠. 너~ 안 사랑할 거야!"

자기 편을 안 들어주는 오빠가 미운 다섯 살 시율이는, 그런데도 오빠의 관심사를 꿰뚫고 있는 누나 같은 동생이다.

6 킬로그램

　　시후의 본격적인 치료가 시작될 때 계획에 없던
둘째가 생겼다. 바로 시율이. 시율이가 뱃속에 있는 동안 내
체중은 딱 6킬로그램 늘었다. 그때의 심적, 육체적 중압감
이 '6'이라는 숫자에 내포되어 있었다. 배가 불러왔기에 임
신 사실을 인지했다. 뱃속에서부터 홀로 씩씩하게 커준 시
율이는 나에게 미안한 손가락이다.

　행복한 나날 속, 발을 헛디딘 것처럼 '쿵' 하고 꺾이는 순
간이 있다. 정체불명의 불안에 겨우 잠든 시후를 지켜보던
날, 내가 대신할 무언가가 없음을 깨닫고 불현듯 눈물이 쏟
아진 밤이었다. 주체할 수 없이 격해진 감정으로 얼굴을 이
불에 파묻고 숨죽였다. 그 순간을 아이들에게 들키고 싶지
않았다. 그러나 바람은 예상을 엇나갔다. 시율이는 놀란 표
정으로 내 앞에 조용히 다가와 격한 울음을 쏟아냈다. 녀석
이 내 감정을 읽었다. 불과 33개월이었다. 상황이 녀석에게
너무 이른 무게를 얹어준 것 같아 쓰라렸다.

태어났을 때부터 '기다림'을 몸으로 익힌 시율은 아직 엄마의 곁이 그립지만, 오빠에게 곁을 내줬다. 특별한 아이가 한 가정으로 왔을 때, 부모는 모든 시선을 그 반짝이는 아이에게 뺏긴다.

그런 시간이 당연하다 여기고 그 감정이 무뎌질 때쯤, 사랑을 갈구하는 다른 아이가 눈에 들어왔다. 사랑을 포기해야 한다는 걸 육감적으로 느끼는 작은 눈망울이 서운함을 머금고 내 심장에 콕 박히던 날, 나는 무너졌다. 사랑을 나눠야 함에도 나눌 여력이 없음이 나를 주저앉혔다.

보편적 시선에는 비장애 형제의 희생을 당연하게 생각하는 경향이 있다. 그들도 보호받아야 하는 존재임에도 불구하고 말이다. 시후가 치료에 매진할 때, 나 역시 시율이를 잊었고 시율이의 희생은 어쩔 수 없는 수순이라 여겼다. 그러던 어느 날, 서러움이 켜켜이 쌓여 목 끝까지 차오른 아이의 원망 섞인 진심에, 아이를 부둥켜안고 울었다.

"엄마는 오빠만 사랑해."

시율이 덕분에 울고 나니 묵혔던 감정이 씻겨 내려갔다.

시율이가 오빠 지켜줘야 해

집에서 오빠를 쫓아다니며 잔소리하는 시율이는 어느 날부터 밖에 나가면 시후 손을 잡고 놓지 않는다. 오빠 손 잡지 않아도 된다는 말을 건네도, 듣지 않는다. 맞닿아 있는 손이 불편한 시후는 아무리 발버둥 쳐도 벗어나지 못한다.

"시율아, 오빠 손 말고 엄마 손 잡자. 오빠 불편하대."
"시율이가 잡을 거야."
"왜?"
"밖에 나가면 시율이가 오빠 지켜줘야 해."

진심을 툭 하고 건넨 아이는 서둘러 시후와 함께 그네로 달려갔다. 나란히 앉은 그네를 그저 지켜봤다. 그리고 어느새 눈물이 차올랐다.

오빠 손을 꼭 잡은 작은 손의 무게에 먹먹해졌다. 전하지 않았지만, 눈치 빠른 아이는 어쩌면 오빠의 다름을 알아가고 있을지도 모른다. 이윽고 깊은 고민에 빠졌으나 결국 최선을 찾지 못했다. 그저 어둑해지는 하늘을 바라보며 벤치에서 일어나 아이들을 불렀다.

"시율아, 집에 갈 때는 시율이는 오빠 손 잡고, 엄마는 시
  율이 손 잡을게."

그제야 아이는 만족스럽다는 표정을 지어 보였다. 그리고
또다시 시후 손을 꼭 잡았다. 시후를 사랑하는 시율이의 마
음 씀씀이가 균형을 잃지 않도록 나 또한 균일한 가슴으로
따뜻한 아이의 손을 잡았다.

        시후에게 한정됐던 시선을 조금씩 넓히며 산다. 시
후의 삶이 중요하듯, 시율이의 삶도 소중하기 때문이다. 지
금도 어딘가에 숨죽이고 있을 미안한 손가락이 '나'답게 성
장하길 바라며, "우리 시율이 하고 싶은 거 다해!"

3. 미숙한 부성애

　　스물세 살 처음 만난 날, 동글한 얼굴로 나를 보며 활짝 웃는 그의 눈은 반달 모양을 만들며 입꼬리와 만났다. 자신의 감정을 숨길 수 없는 두 눈이 좋았다. 그러나 시후의 다름을 인지하던 날, 그 눈은 더 이상 동그랗지 않았다. 사랑했던 그 눈은 때론 무서웠고 대부분 나를 서럽게 만들었다. 사랑을 속삭이던 그의 입술이 내게, 그리고 시후에게 비수를 꽂을 때 더 이상 미래가 없었다. 아이 문제에 대해, 더 이상 우린 입을 맞출 수 없었다.

　시후에 대한 나의 믿음이 올곧음을 넘어 억척스러워, 혼자 애썼다. 둘째가 태어나고 함께 치료센터를 다니던 무더운 여름날, 돌쟁이 둘째까지 데리고 다니는 건 쉽지 않았다. 아이가 갑자기 화장실을 가겠다는 날에는, 좁디좁은 화장실 한 칸에 우리 셋은 함께 해야만 했다. 한 손은 둘째를 감싸고 다른 손으로 마무리를 돕던 그때의 꿉꿉함과 불쾌함에 분노의 눈물이 치솟았다.

'아, 진짜 힘드네!'

그날의 온도와 냄새를, 나는 평생 잊지 못할 것 같다.
'모르는 것이 약이다.'라는 말이 있다. 모르던 것이 앎으로 전환하기 시작하는 시점부터 모든 것이 무섭게 변하기 때문이다. 이따금 남편이 아이와 마주 보고 웃을 때, 낮은 가능성에 기대를 걸기도 했었다. 그리고 오지 않을 것 같던 그 낮은 가능성이 점점 가까워지기 시작했다.

"여보, 시후 세 살 때 내가 승진시험을 포기하고 돌봤다
  면 어땠을까?"
"갑자기 왜?"
"그동안은 답답해서 외면했는데, 갑자기 시후한테 미안
  하더라고."
"크게 다르진 않을 거야. 그리고 여보 요즘 아이들한테
  잘하잖아"

"부족하지. 이번 주말에 아이들 데리고 어디 놀러 갈지 찾아봐야겠다."

불현듯, 뜬금없이 넘겨준 말이었다. 왜 그런 생각이 들었는지 묻지는 않았다. 이유는 중요하지 않았으니까. 그냥 그 마음의 변화가 감사했다.

남편은 그동안 눈앞의 아이에게 집중하기보다 먼 훗날의 시후를 걱정했다. 우리가 없을 먼 훗날. 그래서 아이의 마음을 어루만지기보다 가혹하게 아이를 세상에 내보냈다. 그 방법이 틀렸다고 생각하지 않았으나 지켜보는 나는 시리고, 원망스러웠다. 아직도 아들의 섬세함에 익숙하지 않아서 그 선을 건드리기도 한다.

'아빠 시려해!'라고 내뱉는 모진 아들에게 '괜찮아. 아빤 시후 좋아해!'라며 끌어안는다. 그리고 아들의 관심사를 훤히 꿰고 있는 그는 아이를 놀이로 이끌고 있다.

"아빠랑 동물 놀이 하자."

"아빠는 하마 하고 시후는 호랑이 할게."

"크앙!"

몸을 뒤엉켜 물고 안기고 한다. 애증의 관계다. 어쩌면 여전히 내적 갈등과 아비로서의 부성애가 부딪칠 수도 있다. 그러나 지금처럼 습자지에 물이 흡수되듯 천천히, 그리고 진하게 젖어들 걸 확신하기에 기다리려 한다.

> "당신이 처음 자폐란 말을 꺼냈을 때 분노했고, 아이를
> 외면했을 때 치를 떨었어. 그렇게 마음이 닫혔었지."
> "미안해. 갑자기 주어진 상황이 너무 버거워서 회피하고
> 싶었나 봐."
> "응 그땐 내 마음이 그랬어."
> "그렇지. 근데 애쓰는 시후가 안쓰럽더라고. 내가 여태껏
> 못한 거 더 살뜰히 챙길게. 나도 아빠가 처음이라 미숙
> 했어. 미안해."

타인의 다름을 이해해 주는 일, 쉽지 않다. 그런데 겪어보니 더 어려운 것은 오롯이 받아들여야 하는 그 대상이, 내 곁에 있는 소중한 아이라는 사실이다.

시후가 26개월이던 그해 추석, 아들이 자폐일지도 모른다고 말하는 남편은 세상을 잃은 듯 목 놓아 울었다. 듬직하고 넓은 어깨는 그의 고개와 함께 흐느적거렸고, 힘없는 말

만 되풀이 됐다.

'이제 어떡해. 어떡해. 어떡해……'

그의 울음이 지속되는 것도, 힘없는 소리를 하는 것도 이해
되지 않았다. 그 순간 나는 그를 안지 못하고 그저 무책임하
다고 나무라기 바빴다.

그날 이후, 그는 시후에 대한 자신의 감정을 언급하지 않
았다. 행여 그가 말한들, 그때의 나 역시 그의 감정을 위로
할 자신이 없었다. 더불어 감정이란 사치에 허덕일 여유도
없었다.

어느덧 6년이 지났다. 그러나 그날은 어제처럼 여
전히 머릿속에 또렷하다. 시후 곁에 잠든 그를 바라보며 속
삭인다. 그때 흐느껴 우는 당신의 감정에 동요하기엔 세상
이 끝나는 것 같아서 나라도 버틸 수밖에 없었다고. 그래서
더 혹독하게 당신의 감정을 거절했다고. 그 순간 나까지 주
저앉으면 우리 시후에게 미안해서 그럴 수밖에 없었다고 말
이다.

가끔 꿈에서 나는 그날로 돌아간다. 6년 전과 같은 공간

과 내음 속에서 흐느껴 우는 그가 나를 기다린다. 꿈속에서
나는 용기를 낸다. 살며시 다가가 그를 끌어안고 함께 목 놓
아 운다. 그러면 그의 촉촉한 눈망울이 이내 나에게 닿는다.

'사실 나도 두렵다고. 그런데 우리 할 수 있다고.'

그의 두 손을 꼭 잡고 울다 잠에서 깬다. 촉촉해진 베갯잇에
마음이 가벼워진다.

4. 동그란 세상

힘이 들어간 그의 팔뚝은 달랐다. 무언가를 이끄는 손끝에 에너지가 느껴졌다. 굵은 힘줄과 탄탄하게 자리 잡은 섬세한 근육이 여느 젊은이와 견주어도 손색이 없어 보였다. 그는 예순보다 일흔에 가까운, 희끗희끗 흰머리가 매력적인 할아버지다. 누군가에게 의지하고 살아도 되는 세월임에도, 여전히 묵직한 어깨의 짐을 놓지 못하고 이끌고 있었다.

이른 아침, 훌쩍 커버린 아들을 휠체어에 태워 비탈길을 종종걸음으로 내려가는 그의 팔뚝엔 더 힘이 들어간다. 손잡이에 묶인 채 속절없이 흔들리는 약 봉투가 야속하다. 봉긋 솟은 팔근육에 비해, 깊게 팬 그의 이마 위 주름은 지난 세월을 여과 없이 보여주고 있었다. 그는 여전히 청춘이다. 어쩔 수 없는 청춘.

장애는 아이의 선택도, 부모의 선택도 아니다. 그럼에도 우리와 같은 가족들은 많은 것을 내려놓고 그 길에 담담히 동행한다. 이윽고 나와 같은 부모를 우연히 만나는 날, 그 담담함은 애끓는 쓰라림으로 전환된다. 그 순간 먹먹한 가슴을 안고 그저 먼발치에서 당신의 삶을 응원할 뿐이다.

소아정신과 정기진료를 마치고 돌아온 날 우리 부부의 대화는 여전히 가볍지 않다. 시후의 현재를 바라보는 전문의의 시선이 궁금한 남편은 어느 날 진료에 관해 물었다.

"의사 선생님은 시후를 어떻게 보셨어?"

"전형적인 자폐스펙트럼이라고 하지. 그래도 다행인 건 순하대."

"그렇지, 시후가 순하지."

"얼마나 감사한지 몰라."

"근데, 어떻게 키워야 할까? 난 요즘 정말 모르겠어."

"난 그냥 오늘을 열심히 사는 게 중요한 거 같아. 지난주 학교에서 그렇게 울던 아이가 이번 주엔 잘 다니잖아. 그렇게 시후도 하루하루 성장하느라 애쓰고 있으니깐."

우리의 이야기는 오늘을 시작으로 어느덧 성인이 된 시후, 우리가 없을 머나먼 시간까지 거슬러 올라갔다. 선명한 미래가 보이지 않는 이야기의 끝에, 남편의 어두운 얼굴빛은 쉽사리 돌아오지 않았다. 그 끝에 난, 확신 없는 위로를 건넸다.

"여보, 조그만 녀석이 부단히 애쓰고 있어. 시후의 걸음에, 우리의 입장을 앞세워 끌어당기는 건 욕심인 거 같아. 몇 년 지내보니, 그보다 중요한 건 우리와 같은 보통의 어른이, 더 나아가 지역사회 변화가 우선돼야 한다고 생각해."

물론, 내 생각이 욕심이고 이기적일 수는 있다. 그럼에도 나는 장애를 가진 아이의 부모가 조금 안도할 수 있는 텀을, 지역사회가 만들어 주었으면 좋겠다.

바로 얼마 전에 가졌던 집단상담의 마지막 수업 주제가 '지역사회'였다. 동그란 원 안에 도움이 필요한 아이가 있고 그 주변을 병원, 학교, 지역주민, 공공기관 등이 둘러싸고 있었다. 그리고 아이를 중심으로 뒤섞여 흐르는 그 물결의 화살표가 있는데 그곳엔 '부모'의 탭이 없었다. 부모가 없음에도 자연스럽게 흐르는 그 동그란 원에 가슴이 먹먹해졌다.

'이렇게만 된다면 여한이 없겠다…….'

마지막 집단상담 속 참가자들 모두의 눈시울이 뜨거워졌던 시간이다. 난 그날 그 동그라미에 위로받았다.

　　그날 아침에 만난, 우리와 같은 가족의 모습이 뇌리에서 잊혀지지 않았다. 남이지만 먼 훗날 나의 일이 될 그 장면에 지나치게 몰입했다. 예전엔 불편함을 안은 아이에게 시선이 오래 머물렀다면 그날은, 유독 할아버지에게 시선을 놓을 수 없었다. 무표정, 어두운 얼굴빛, 주위 시선의 불편함보다 현재의 힘듦을 이른 시일 안에 끝내고 싶은 듯한 무게감. 나와 크게 다르지 않았다.

　흔히 삶을 마라톤에 비유한다. 전속력으로 달리지도 말고, 옆 사람보다 조금 빠르다고 흥분하지도, 조금 뒤처진다고 슬퍼하지도 말아야 한다. 우리에게 필요한 것은 아이의 보폭에 맞혀 그냥 걷는 일, '중꺾마'(중요한 것은 꺾이지 않는 마음의 줄임말) 다.

　동그란 세상에 살고 싶어졌다. 나와 당신이 맞잡은 그 원 안에서 아이가 편안한 미소로 뛰어놀도록. 그 여운에 우린 안도감을 느끼고, 당신이 세운 울타리 안에 아이는 행복할 것이다. 얼굴이 동글동글했던 젊은 할아버지의 편안한 팔 근육을 그려봤다. 순간, 행복한 상상에 빠졌다.

5. 너로 인해 만난 별난 세상

　　　　보고 있자면 절로 미소 지어지는 어여쁜 아이가
나에게 왔다. 크게 다르지 않다고 생각한 나날 중 조금 달라
보이는 날을 맞이했고 그렇게 몇 년을 지켜보고서야 온전
히 가슴으로 끌어안았다.

　아이의 다름, 불편함을 지켜보며 가슴이 찢기는 고통을
경험했다. 지켜보는 동안 아프지만 아프다고 말하지 못했
다. 도와달라고 소리치고 싶었지만, 입 밖으로 내뱉지 못했
다. 당장 눈앞에 있는 내 아이가 더 고통스러우니까.

　부모가 맞이하는 아이의 장애, 그로 인해 경험하는 별난
일들은 대다수 가혹하다. 나를 닮은 아이 하나 키우는 것도
버거운 현실에서 아이에게 장애가 있다는 막막함으로부터
헤어 나오는 건 쉽지 않았다. 더군다나 아이가 성인이 되어

서도 어른아이에 머무른다고 생각하면 숨이 턱 막혀왔다. 가끔 미워했고 그 미움이 겹겹이 쌓일 땐 원망도 했다.

그러나 그건 아이가 선택한 삶이 아니다. 부모의 잘못도 역시 아니다. 우리의 능력치가 좋아서 장애가 있는 아이를 주신 것은 더더욱 아니라고 단언한다. 그저 우연히 내게 온 거다. 그렇게 우연히 온 녀석 덕분에 우리는 새로운 세상을 만났다.

꽤 오랜 시간 아이를 통해 '엄마'라는 말을 건네받고자 부단히 괴롭혔던 시간을, 달콤한 말로 복수하는 아이를 보며 반성했다.

"엄마, 나를 사랑해 줘서 고마워요."
"엄마 아들로 태어나줘서 고마워."
"사랑해요."

어쩌면 시후는 말 한마디 한마디를 오랫동안 더 달콤하게 전하고 싶어 나의 마음을 애태웠는지도 모른다. 하늘에서 내린 눈이 지면과 맞닿아 사르르 녹듯, 시후가 건네준 한마디가 가슴에 맞닿아 주변을 뜨겁게 한다. 남들에겐 너의 삶이 이상하고 별나더라도, 가치 있고 아름다움을 우리가 알기에 감히 이렇게 담아본다. 아이의 말과 행동으로 보여주는 빛이 각자가 가진 고유한 특성으로 인정받기를 바란다.

'너는 항상 옳다.'

신 세 계

코끼리는 초식동물로 하루에 200에서 300킬로그램의 엄
청난 식물성 먹이를 섭취하는 만큼, 하루 배출하는 변의 양
이 약 145킬로그램이라고 한다. 물을 좋아하는 코끼리는
아삭아삭 당근을 즐겨 먹는데….

다큐를 함께 보던 시후가 불쑥 질문을 던졌다.

"시후랑 코끼리랑 똑같아?"

슬슬 차오르는 배가 신경 쓰이는지 자주 윗옷을 걸어 올리는
시후가, 괜찮고 귀엽다는 위로에도 석연치 않은 표정을 지으
며 자리를 떠났다. 냉장고 문을 열어 구석구석을 살피던 녀석
은, 방울토마토와 파프리카 그리고 샤인머스캣을 꺼내 식탁
위에 올렸다. 조금 전 그 위로가 통하긴 했나 보다.

빨간색 토마토, 노란색 파프리카, 연두색 포도를 한 접시에 가득 담아 아이 앞에 놔줬다. 냉장고 정리를 마치고 밀린 설거지를 하던 그때, 시후의 목소리가 메아리쳤다.

"엄마! 닦아주세요!"

뒤돌아봤을 때 빈 접시만 식탁 위에 덩그러니 놓여 있었다. 먹으면 바로 화장실에서 쾌변하고 돌아오는 녀석이 늘 부럽다. 대변 처리에 대해 연습하고 있지만, 늘 부족한 1퍼센트로 서로 실랑이하던 우리에게 비데의 어린이 버튼을 발견했다.

"아들. 비데 써볼래?"

낯선 것에 대한 거부감이 높은 아이에게 비데가 무엇인지

이것을 사용하면 어떻게 처리가 되는지 설명했다. 변기 위에 앉아있던 아이는 버튼을 지그시 바라보았다. 그리고 동의가 떨어졌다.

쏴—

바닥에 닿아있던 아이의 통통한 두 발이 순식간에 변기 위로 올랐다. 로봇처럼 경직된 신체와 달리 활짝 웃는 입꼬리, 깔깔깔 웃음을 멈출 생각이 없었다. 나도 같이 웃었다. 한참을 그렇게 웃다가 멈춘 아이가 물었다.

"누가 물총 쐈어?"

나는 화장실에 주저앉아 말을 잇지 못했다. 그리고 한참 지나고 건넸다.

"미안해, 엄마가 쏜 건 아니야."

6장

현장에서 만난 시후

1. 커밍아웃 : 직장에 말하다

아이에게 장애가 있습니다

오지 않을 것 같은 날이 다가오고 있었다. 잊고 지냈던 직장으로 돌아가기 위한 준비를 시작할 시기였다. 시후가 학교를 안정적으로 다니면서 하교 후 치료실 투어와 보살핌을 전담해 주실 활동 보조인을 구하는 것으로 시작을 알렸다. 또한 불안이 높은 시후를 고려하여 복직에 대한 시기와 이유를 아이에게 꾸준히 설명했다. 지나간 6년의 세월이 지루했던 것일까. 시후는 생각보다 나와의 거리 두기를 빠르게 받아들이기 시작했다. 마지막이며 중요한 이 과제를 바로 수행했다.

경찰 내에는 다양한 부서와 근무 형태가 존재한다. 그중 지역 관서인 지구대 파출소는 4조 2교대로 운영된다. 근무 강도는 세지만 육아 중인 부부 경찰관이 선호하는 부서이다. 배우자 서로가 4조(4개 팀) 중 다른 팀으로 배정받아 근무하면 아이들이 느끼는 부모의 공백이 거의 없는 자리이기 때문이다. 부부는 바통 터치하듯 출근과 퇴근을 하기때문에 의도치 않게 덜 만나게 된다. 삼 대가 덕을 쌓아야 가능하다는 주말부부를 한집에 살면서 누릴 기회가 내게도 생긴 것이다.

인사이동 시기를 넘긴 늦은 복직이라 발령지를 미리 알 방법이 없었다. 그러나 근무 형태를 맞춰야 해서 깊은 고민 끝에 상급부서에 전화를 걸었다. 발령 예정 지역 관서를 알 수 있는지, 몇 팀으로 배정 예정인지는 당시 우리 부부에게 가장 중요한 문제였기 때문이다. 그러나 담당 부서에서는 원하는 팀에 배정받기 힘들 거 같다고 단번에 거절을 했다. 담당자가 통보한 팀에 배정되면 복직 자체가 불가능했던 터라, 정중하게 부탁드렸으나 죄송하다는 답변만 돌아왔다. 막막했다. 그때 그 정적을 나지막한 중년의 목소리가 전환했다.

"계장입니다. 혹시 특별한 사정이 있나요?"

"다름이 아니라, 저희 아이가 아파서 배우자와 팀을 맞춰 야 근무를 할 수 있습니다."

"실례지만, 어디가 아픈지 물어봐도 될까요?"

"아이에게 장애가 있습니다."

"아, 그러면 과장님께 보고드리고 연락드리겠습니다."

공식적인 첫 커밍아웃이었다. 3분도 채 되지 않은 통화를 끊었는데, 두 볼은 이미 상기되어 있었고 두근거리는 가슴 은 쉽사리 진정되지 않았다. 그리고 얼마 지나지 않아, 다시 벨이 울렸다. 네 개의 팀 중 두 팀으로 배정하면 괜찮겠냐며 반영하겠다는 답변이었다. 나는 앞에 계시지도 않는 상사 에게 거듭 인사하며 감사하다고 고개를 숙였다. 일면식 없 던 상급자에게 아이의 장애를 공표했던 3분의 순간, 다소 담담한 어투와 간결한 어휘를 사용하려 애썼다. 그러나 통 화 이면의 모습은 절규와 다르지 않았을지도 모른다. 그렇 게 다시 돌아가기 위한 기본 준비를 마쳤다.

장애아 부모의 삶

　　　2023년 발달장애인 전 생애 권리 기반 지원체계

정책요구안의 '부모의 삶 현황'에 의하면, 일상생활 시 부모나 가족이 발달장애인을 지원하는 경우는 88.2퍼센트에 달한다. 특히 어머니가 그 역할을 담당하는 정도는 91.7퍼센트, 즉 어머니의 몫이다. 또한, '발달장애인의 돌봄'을 이유로 부모나 가족이 경제활동을 포기하는 경우도 49.2퍼센트를 차지하고 있다.

통계의 결과치로 알 수 있듯이, 장애아 부모 중 '어머니'는 아이의 장애를 인지하기 시작하면서 자신의 삶을 포기한다. 주말 오후에 홀로 차를 한잔 마시는 일도, 발달과 관련 없는 에세이 한 권 읽는 것도 마음이 불편하다. 그런데 주변의 시선은 더 혹독하다. '애는 어떡하고 나왔어?', '직업을 갖는다고? 돈 버는 게 중요한 게 아닌 거 같은데' 등 따가운 시선에 부모는 조금도 꿈틀거리지 못하고 이내 아이 곁으로 돌아간다. 그렇다고 '아버지'의 삶은 편안한가? 그렇지 않다. 어릴 때부터 시작되는 치료는 '종결'이 없다. 따라서 경제적 지원 또한 끝이 없다. 쉬고 싶어도, 덜 벌고 싶어도 아버지는 쉴 수도, 일을 줄일 수도 없다.

나의 지난 시간도 다르지 않았다. '복직은 할 수 있을까'에서 시작된 물음은, '감히 내가 나의 삶을 가져도 되는 것일까'로 꼬리에 꼬리를 물었다. 시후를 바라보며 잠시라도 회사를 생각하는 것은 죄악과 같았다. 경제활동을 포기하는 49.2퍼센트, 곧 두 명 중 한 명꼴, 그 한 명에서 배제되지 않는다는 보장을 피할 수 없었다.

그러나 감사하게도 나는 6년의 육아휴직을 보장받고 일선으로 돌아왔다. 돌아간 현장은 예전과 달랐다. 우리와 같은 장애아 부모를 쉽게 만났다. 그러나 그들을 만날 때면 마음이 불편했다. 그들의 오늘이 충분히 이해되고, 그저 안타까웠다. 부모가 곁에 없으면 돌봄이 불가능한 아이를 지켜보며, 아무것도 도와줄 것이 없는 무능력한 나 자신에 답답했다. 그럼에도 장애아 부모, 특히 '어머니'의 역할을 맡고 있는 그녀들의 사회생활과 잠깐의 일상이 보장되길 바랐다. 그러기 위해선 지역사회를 넘어 국가적 지원이 절실하다.

시후를 닮은 꼬마

처음 맞이한 아이의 낯선 진단명이 두려웠다. 앞으로의 길을 알 수 없어 겁이 났다. 그래서 더욱 아이만 바라보고 살았다. 살아보니, 시후가 살아가는 이상한 삶이 특별해지기 시작했다. 그리고 따뜻한 그 길을 나 혼자 알기엔 너무 아쉬워, 세상에 공표하고 공유하기로 했다.

회사에 알리는 것은 무게감이 달랐다. 특히 업무 특성상 장애인과는 긍정적 만남보다 그렇지 못한 경우의 수가 높았기에, 더욱 고민되고 망설여졌다. 그럼에도 직장 내에 친한 분들께는 알렸다. 사실, 시후가 아파서 휴직을 길게 쓸 수밖에 없었다는 사실을. 그럼에도 모두 응원을 전했고 고생했다는 말과 함께 염려도 잊지 않으셨다. 특히 팍팍한 이곳보다 아이를 위해 조용한 시골로 가는 것은 어떤지에 대한 권유가 많았는데, 정중하게 거절했다.

첫 출근 전날, 잠을 이루지 못하다 뜬눈으로 출근을 했다. 정신없던 그날, 나른한 오후에 다섯 살 꼬마 손님이 아버지의 손을 꼭 잡고 지구대 문을 두드렸다. 아무 말 없이 해맑게 웃는 꼬마의 등장에 자연스럽게 다가간 직원들이 무릎을 낮춰 말을 걸었다.

"안녕. 이름이 뭐니? 몇 살이야? 경찰 좋아해?"

수많은 경찰관이 낯선지 꼬마는 두 눈을 질끈 감고 양손을 눈가까지 가져가 펄럭이기 시작했다. 우리 아이와 같은 꼬

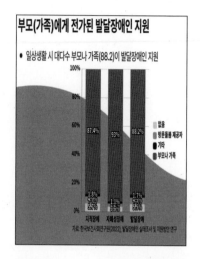

부모(가족)에게 전가된 발달장애인 지원

- 일상생활 시 대다수 부모나 가족(88.2)이 발달장애인 지원

자료: 한국보건사회연구원(2022), 발달장애인 실태조사 및 지원방안 연구

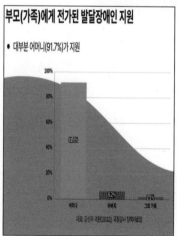

부모(가족)에게 전가된 발달장애인 지원

- 대부분 어머니(91.7%)가 지원

자료: 강선우 의원(2022), 국정감사 정책자료집

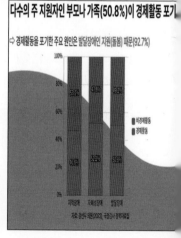

다수의 주 지원자인 부모나 가족(50.8%)이 경제활동 포기

⇨ 경제활동을 포기한 주요 원인은 발달장애인 지원(돌봄) 때문(92.7%)

자료: 강선우 의원(2022), 국정감사 정책자료집

자료:

(위) 한국보건사회연구원(2022), 발달장애인 실태조사 및 지원방안 연구

(아래) 강선우 의원(2022), 국정감사 정책자료집

마가 지구대에 왔다는 것을, 나는 단번에 알아챘다. 너무 이르게 만난 시후와 같은 친구의 등장에 당황해 아무 말 하지 못했다. 그때 내 곁에 있던, 나의 사정을 잘 아는 직원이 자연스럽게 꼬마에게 다가갔다.

"충성! 경찰 아저씨 보고 싶을 때 또 놀러 와."

그제야 꼬마가 눈을 슬쩍 마주쳤다. 인사만 건네고 홀연히 떠난 아이와 아버지였지만 그들이 남긴 편안한 미소는 꽤 오랫동안 머릿속을 떠나지 않았다.

　　　지금 상황에서 복직이 욕심일지도 모른다는 죄책감에 사로잡혀 있었다. 그러나 6년 만의 복직 첫날, 시후의 따스함을 닮은 꼬마 손님의 방문으로 죄책감은 뜨거워진 가슴으로 대체됐다. 그리고 지구대 내부 게시판에 게시된 '장애 유형별 응대 매뉴얼'을 매만졌다. 서류 끝 날카로운 페이퍼에 검지를 맞댔다. 따갑지도 간지럽지도 않은 애매한 촉감에 손가락 끝이 먹먹해졌다. 이내 날이 섰던 각은 어느덧 동글해졌다.

　자신의 불편함을 설명할 수 없는 그들에게, 나는 어떤 도

움을 줄 수 있을지, 불편한 날카로움을 둥근 편안함으로 전
환시키기 위해 경찰인 나는 무엇에 무게를 두어야 할지를
고뇌하게 됐다. 이곳에서, 내가 하고 싶고, 해야만 할 일이
생길 것 같다.

2. '내가 죽어야 끝나요'

묵직한 철문을 박차고 열었을 때 그녀와 시선을 마주했다. 탁한 회색빛 난간에 얹은 그녀의 가녀린 손끝은 삶과 죽음의 경계에 서서 망설이듯 방향을 잃었다. 그녀 쪽으로 한 발 내디뎠을 때, 안간힘을 다해 매달려 있던 그녀의 눈물이 떨어졌고 이내 처절하게 소리쳤다.

"다가오지 마세요! 내가 죽어야 끝나요!"

뭐라도 해야겠다는 생각이 앞섰다. 오후 네 시를 갓 넘긴 그 시간, 편협한 머리는 왜 먹는 것 외에 아무것도 떠오르지 않았을까. 도대체 왜.

"어머니! 식사는 하셨어요?"

"지금 먹고 싶겠어요?"

슬픔이 가득했던 그녀의 눈망울은 매서움을 채워, 나에게로 향했다. 그때였다. 시선이 전환된 그녀에게 재빠르게 다가가 끌어안았다.

"저랑 애기해요. 제가 다 들어 줄게요."

"당신들은 날 이해 못 해! 장애 아이를 키우는 내가! 얼마나 힘든지 알아!"

가슴이 철렁 내려앉았다. 나와 같은 그녀를 현장에서 만났다.

내 품에서 벗어나려 애쓰는 그녀를 더 강하게 끌어안았다. 이윽고 그녀를 옥상 끝자락에서 끌어내고서야 품을 풀었다. 죽고자 마음을 먹었던 그녀에게 죽으면 안 된다는 식상한 이야기는 하지 않았다. 그저 죽음까지 생각한 그녀의 길을 조심스럽게 물었다. 경계를 늦추지 않던 그녀의 얼굴이, 저녁노을이 어둠을 좇아가듯 천천히 붉어지더니 점점 어두워졌다. 그녀의 등을 담담히 쓸어내릴 때 드디어 이야기가 시작됐다.

그녀의 아들 정우는 아스퍼거증후군을 앓고 있었다. 정우는 불행 중 다행으로 인지 및 발달상 정상 범주에 속하였지만, 타인과 주고받는 사회적 의사소통에 결함이 있었다. 그래서였을까, 그녀는 욕심이 났다. 자신이 조금만 이끌어 주면 보통의 아이처럼 살 수 있다는 희망. 결국 그녀의 시선은 아들 정우가 아닌, 정상화라는 궤도에 초점이 맞춰졌다.

그러나 그녀의 희망과 달리, 정우는 학령기를 겪으며 잦은 따돌림 등 학교폭력에 노출되었고 그때마다 그녀는 아이를 감싸기보다 정우를 탓했다. 결국 성인이 된 정우는 엄마로부터 받은 서운함이 켜켜이 쌓여, 엄마에 대한 미움이 어느새 증오로 변하기 시작했다.

성인이 된 아들 정우는, 술을 마시고 집에 들어오는 날이면 분노의 칼날을 엄마에게로 향했다. 욕설에서 시작된 행동은, 날이 거듭되면서 폭력적 성향과 버무려져 집안 물건에 가해지더니 결국 모친을 향했다.

"씨발. 꺼져! 내 눈앞에서 당장 죽어!"

현장에서 체감한 골은 이미 깊어, 우리의 중재는 무의미했다. 그녀와 아들 정우를 서둘러 분리하고 그녀에게 물었다. 아들의 폭력적 행위가 언제부터 시작되었는지, 현재 받는 치료가 있는지, 혹시 복용 중인 약은 있는지. 나의 질문에 어떤 대답도 내놓지 않던 그녀는 울분을 가득 채운 외침을 토했다.

"장애 등록이 안 되면, 사회적으로 어떤 지원을 받을 수 없다고요!"

장애 등록에 등급제가 폐지되면서 심한 장애, 심하지 않은 장애로 분류되었다. 그러나 자폐성 장애는 '심한 장애' 항목밖에 없어, 경증의 자폐성 장애인들은 등록을 할 수 없다. 아스퍼거증후군의 경우 등록이 가능할 정도의 심한 경우를 제외하곤 대부분 경증 장애의 경우가 많다. 그에 따른 발견이 늦고 결국 미등록 장애로 복지의 사각지대에서 고통을 받게 된다.

정우의 경우가 그랬다. 주저앉아 우는 정우 엄마 옆에 무릎을 낮춰 함께 했다. 여전히 취기를 머금고 엄마에게 증오를 품은 정우, 그런 아들의 두 손을 강압적으로 붙잡고 있을 수밖에 없는 정우의 아빠. 수많은 낯선 경찰관과 아수라장이 된 집안 구석 한편에 기대 조용히 눈물 흘리는 정우의 동생(비장애 형제). 과연 우리는 이들에게 어떠한 도움을 줄 수 있을까.

제도와 규정이 존재하는 이유는 사회적 어려움을 겪는 이들에게 필요한 서비스를 제공함으로써 삶의 질을 향상시키기 위해서다. 그러나 현장에서 만나는 제도는 '누구'를 위한 것인지 고뇌하게 만든다. 그 프레임이 머리에 각인돼 잊혀지질 않는다.

그녀는 아들이 뱉은 상처로 홧김에 옥상에 올랐다. 공허하고 차가운 시멘트에 손을 얹었을 때 다리가 떨어지지 않았다. 아들을 이해하기보다 자신의 욕심을 앞세워 걸어온 지난날에 대한 회한이 그녀의 두 다리를 굳게 한지도 모른다. 이내 그녀는 눈물을 터트렸다. 아들이 꽂은 비수가 자신을 더 바라봐달라는 처절한 절규임을 깨달았기 때문이다. 한참 동인 눈물을 쏟은 그녀는 조금씩 안정을 찾고 내게 말을 건넸다.

"경찰관님, 우리 바뀔 수 있을까요?"

3. 한낮에 접수된 납치 신고

현장 경찰관을 긴장하게 하는 알람 소리가 있다. 가끔 여행길 휴게소 푸드코트에서 똑같은 알람 소리를 듣고 흠칫 놀라기도 한다. 이내 안도의 한숨 후 피식 웃곤 하는데 기분이 썩 유쾌하진 않다. 나른한 그날 오후 근무도 그랬다.

띠리링. 납치 의심 신고.

대상 차량 검정 SUV 10가 1234.

K마트에서 우회하여 중암동으로 이동 중. 긴급출동.

한낮의 납치 의심 신고는 나른한 몸을 순식간에 긴장시켰다. 전 순찰차가 모두 동원되어 대상 차량의 진행 방향으로 따라붙었고, 똑똑한 신고자와 촘촘히 채워진 CCTV 덕분에 해당 차량을 빠르게 발견할 수 있었다. 정차 명령 후 대상 차량이 안전하게 정차했을 때 도주 방지와 안전을 위해 순찰차로 에워쌌다. 운전석으로 뛰어가 대면했을 때 당황스러운 표정이 역력한 운전자는 무슨 일이냐며 되물었다. 차 안을 확인하겠다며 차량 문을 열었을 때, 조수석에 앉은 여성 한 명, 그리고 양 귀를 막은 채 움츠린 채 뒷좌석에 앉은 남아 한 명을 발견했다. 그 외 위험물건 및 저항 흔적은 확인되지 않았다.

이어 신고자에게 전화를 걸어 상황을 상세히 묻기 시작했다. 마트에서 장을 보고 주차장으로 향한 신고자는 자신의 차량에 물건을 싣던 중, 옆 차량의 수상한 소리를 듣게되었다. 이윽고 해당 차량 쪽으로 시선을 옮겼을 때, 뒷좌석에 앉은 남자아이가 '도와주세요!'라는 외침과 함께 창문을 두드리는 것을 목격했다. 자세히 확인하고 싶었으나 두렵고, 해당 차량이 바로 주차장을 빠져나가는 바람에 차량번호만 간신히 기억해 신고한 것이다.

확인이 필요해 운전자에게 되물었다. 해당 차량의 대상자는 가족으로, 조금 전 마트에서 장을 보고 집으로 향하는 길이라 했다. 평소와 같이 가던 중 경찰의 정차 명령을 듣고 갓길에 세운 것 외에, 아무 영문을 알 수 없다는 듯 의아한 표정이었다. 조금 더 명확히 하기 위해 뒷좌석에 앉은 아이에게 재차 확인했다.

"앞에 계신 분이 부모님 맞니? 어디 갔다 오는 길이야?"

질문이 채 끝나기도 전에 아이는 귀에 얹은 손을 더 단단히 채우더니 이내 사정없이 양 귀를 때리기 시작했다.

"도와주세요. 도와주세요. 도와주세요⋯⋯."

불안이 가득 차 방향을 잃은 시선, 손바닥을 넓게 펴 귀에 압을 주듯 가해지는 자해, 단조로운 억양과 리듬의 외침. 가슴에서 시작된 찌릿함을 이내 인지했다.

'너. 자폐구나⋯⋯.'

조수석에 앉은 모친은 서둘러 자세를 고쳐 아이의 양 귀를 자기 손으로 감싸며 끌어안았다. 이 상황이 익숙한 듯 당황한 기색 없이 침착하게 아이를 안정시켰다.

"괜찮아, 괜찮아, 엄마 여기 있어."

아이가 진정된 것을 확인한 모친은 차량에서 내려 카드 한 장을 내밀었다. 예상대로 아이의 환하게 웃는 얼굴 사진이 들어간 복지 카드였다.

뒷좌석에 탄, 그녀의 소중한 아들 동훈이는 중증 자폐성 장애를 앓고 있었다. 오랜만에 가족 모두가 대형마트에 다녀오려고 길을 나섰으나, 마트 도착 후 얼마 지나지 않아 아이가 높아진 불안으로 힘들어해 급하게 집으로 향하던 길이었다. 감각적 과부하로 조절 능력을 상실한 아이는 차량 내에서 유리를 쿵쿵 치기도 하고, 도와달라고 혼잣말을 반복했다. 모친은 아이의 행동에 이유가 있고 차량 내에서 하는 행동이기에 타인에게 피해가 가지 않아 제지하지 않고 서둘러 집으로 향했던 거다. 그런데 일이 이렇게 커질 줄 몰랐다며 쓴웃음을 지었다.

자폐스펙트럼을 앓는 미국의 동물학자 템플 그랜딘은 '마트에 가면 마치 로큰롤 콘서트장의 스피커 안에 들어가 있는 것 같다.'라고 말한 적이 있다. 그녀의 경험처럼 자폐스펙트럼의 대표적 특징은 '감각 불균형에 따른 어려움'이다.

자신이 수용할 수 있는 기준을 넘은 감각이 과입력 될 때 불안이 증가하기도 하고, 자신이 요구하는 수준의 감각이 충족되지 않으면 자기조절을 위해 스스로 여러 감각을 입력하기도 한다. 문제는 장애 당사자에 따라 감각 기준이 다르고 그에 따라 나타나는 증상이 다르다는 것이다. 오늘 만난 동훈이의 경우, 과입력된 청각 자극을 두 손으로 막아 차단하면서 지연 반향어를 반복함으로써 불안을 낮추려 애썼다. 그럼에도 나아지지 않자 무언가 두드려 고유수용성 감각을 입력함으로써 자신을 안정시켰다.

신고자는 알지 못했다. 현장 경찰관도 모친이 내민 복지 카드와 설명을 듣기 전까지 인지하지 못했다. 의료인도 전문가도 아닌 우리는 주어진 상황에서 몇 장의 매뉴얼에 의지해 모든 것을 판단해야 했다. 그러나 그 과정은 어렵고 위험하다.

물론 발달장애인을 대변해 줄 자문기관이 존재한다. 그러나 요구에 비해 공급은 현저히 부족하다. 그러기에 적시성이 중요한 현장에서 즉각 답을 얻기 힘들다는 것이다. 이것이 현장이고, 답답한 현주소이다.

그날의 신고는 자폐를 앓는 꼬마가 행한 자기 보호 방법이 납치로 의심된 해프닝으로 결말을 지었다. 다행히 동훈이 곁엔 대변할 부모가 함께 있었다. 부모와 함께 집으로 돌아가는 그들의 편안한 뒷모습과 달리, 현장에 남겨진 우린 되돌아오는 길이 묵직했다.

  '현장에 동훈이 부모가 없었다면 우린 어디서, 어떻게 시작했어야 했을까…….'

4. '나는 파란 버스가 좋아요'

　　공원 한가운데 주저앉아 우는 신고자는 절규하며 울었다. 이미 주변을 샅샅이 찾아보았지만, 어디에도 딸은 보이지 않았다. 결국 30여 분이 흐르고 나서야 정신이 든 신고자는 경찰에 도움을 요청했다. 붉은 기운이 가득한 낮빛, 이마 끝에서 타고 내려온 맑은 땀방울이 눈물과 함께 범벅이 되었다.

　　출동한 경찰관을 만나자마자 건넨 말이 아이가 지적장애가 있다는 사실이었다. 주말 오후, 동네 공원에 열한 살 딸의 손을 잡고 나온 부모는 찰나의 순간, 아이를 잃어버렸다.

　　"도와주세요. 아이가 지적장애가 있어요. 방금 전까지 여기 있었는데."

신고자의 고통에 가까운 외침은 나들이 나온 사람들에게 쉽게 가 닿았다. 그 절규는 부끄러움보다 많은 사람에게 자신의 아이가 사라진 것을 알리려는 외침이었다. 그녀 주변에 사람들이 모이기 시작했다. 도움을 주려는 시민과 못마땅함으로 가득한 누군가도 현장에 공존했다.

"아니, 애가 장애가 있으면 집에 둘 것이지. 왜 데리고 나와서. 쯧쯧."

장애 아이의 관리를 못 한 부모, 그런 부모가 탐탁지 않은 꼬장꼬장한 어르신은 참지 못하고 그 경계를 넘는다.

부모에게 아이의 인상착의와 사진을 건네받고 평소 아이가 다녀본 길, 좋아하는 것 등 아이에 대한 사전정보를 취득하기 시작했다. 다행인 것은, 아이가 부친의 핸드폰을 목에 걸고 있었다는 사실. 바로 부친 핸드폰 번호로 위치추적을 의뢰했다. 실종 발생 예상 시간 전후로 공원 및 인근 CCTV를 확인했고 부친의 핸드폰 위치를 추적한 결과, 아이가 빠른 속도로 이동하는 것이 확인되었다. 열한 살 소녀가, 특히 지적장애가 있는 아이가 보내는 위치는 예사롭지 않았다. 그러던 찰나, 신고자가 말했다.

"버스를 탔나 봐요!"

아니나 다를까, CCTV 관제센터에서는 공원 인근 CCTV를 확인하던 중 아이가 버스정류장에서 있던 모습을 발견했다. 아이의 이동 동선을 따라 버스를 확인한 결과 승차한 버스는 333번 버스임을 확인할 수 있었다. 실시간 버스 위치로 관할 지구대에 공조하여 버스 이용 승객 중 실종아동이 있는지 확인해달라고 요청했다. 아이가 중간에 버스에서 내리지 않길 간절히 바라며 결과를 기다리던 찰나, 대상 아동을 안전히 발견했다는 무전이 전해졌다.

2023년 약 124,223건의 실종신고가 접수되었고, 이 중 발달장애인이 대상인 경우는 8,344건으로 집계되었다. 여기서 주목해야 할 사항은 발달장애인의 실종신고 시 실종아동보다 미발견율이 두 배 높고, 사망 발생 비율 또한 높다는 것이다. 그러면 여기서 생각해 볼 점, 발달장애인의 실종신고 미발견율을 타 요구조자(구조를 필요로 하는 사람)와 비교하면 왜 높을까.

인지적 결함이 있는 발달장애인은, 우선 자신이 보호자와 분리돼 위험한 상황에 부닥쳤음을 판단하는 능력이 떨어진다. 또한 안전에 대한 상황 인지가 미흡하여 주변에 도움을 요청하는 것조차 힘들다. 고로, 위험 상황에 대해 더 취약한 발달장애인의 안전은 때론 부모의 몫이 되기도 한다.

그날의 신고 또한 다르지 않았다. '버스'라는 매개물에 제한적 관심이 있는 열한 살 소녀는 부모와 나들이에서 지나가는 버스를 보고 자신의 욕구를 앞세워 맹목적으로 버스에 올랐다. 불행 중 다행이었던 것은 요구조자를 인근 CCTV와, 소지한 부친의 핸드폰으로 위치가 확인되어 안전히 부모의 품으로 돌아올 수 있었다는 것이다.

현재 경찰청에서는 '사전 등록' 제도를 통해, 18세 미만 아동 및 지적·자폐성·정신장애인과 치매 질환자를 대상으로 신상정보(지문, 사진 등)를 등록하여 실종 방지 및 신속한 발견을 위해 노력하고 있다. 또 24년 7월 보건복지부는 경찰청, SK하이닉스와 함께 치매 환자와 발달장애인에게 '배회감지기 무상 보급을 위한 업무협약'을 체결했다.

시간이 지체될수록 발견이 힘들어지는 실종신고의 특성상, 신속한 위치 파악은 요구조자 안전과 직결되는 사안이다. 최근엔 기기 도입 전과 비교할 때, 발달장애인 발견 평균 소요 시간이 76시간에서 약 1.1시간으로 획기적으로 단축되었다는 언론보도를 접했다.

신고의 상당 비중을 차지하는 실종신고. 다양한 장애 중 성인기가 될수록 외출이 쉽지 않은 발달장애인은, 그만큼 나가고자 하는 욕구가 강하다. 못 나가게 하는 것이 능사가 아니기에 그들의 안전한 외출을 위해 보호자는 그들에게 적절한 교육을 선행해야 한다. 그러나 돌발행동이 있는 그들이 혹여 길을 잃었을 때 도움을 주는 방법이 무엇인가 고뇌였을 때, 장애 당사자의 정보가 기재된 카드를 작성하고 배회감지기 등 위치를 확인할 수 있는 장치가 함께여야 한다. 배회감지기는 신발에 내장되는 형태와 손목시계형 두 가지 형태가 있는데, 발달장애인이 가진 특성에 따라 선택함을 추천한다.

효과 면에서 획기적인 배회감지기 업무협약을 듣고 기쁜 마음에 관계기관에 전화를 걸어 발달장애인의 배회감지기 신청 절차를 물었다. 그러나 허탈한 답변이 전해졌다.

"저희 구는 치매 질환자는 대상인데 발달장애인은 아직 내려온 게 없습니다."

아쉬웠다. 정책이 세워지고, 홍보가 이뤄지는 데는 정확한 정보가 함께 해야 한다. 누군가에게는 그것이 매우 절실할 수 있기 때문이다. 잘 설계된 제도는 효과적인 홍보를 통해 대중의 공감과 지지를 받게 된다. 또한 성공적인 홍보는 제도의 실행력을 높이고 목표 달성에 이바지할 수 있다. 제도와 홍보는 상호 보완적인 관계에 있다.

파란색 버스에 올라탄 열한 살 소녀는 난생 처음 혼자 버스에 올랐다. 맑은 하늘과 옅은 연둣빛 새싹이 소녀의 시선 끝에 머물고, 반짝이는 강물에 소녀도 함께 웃었다. 그 여행이 꽤 만족스러웠는지 부모의 품에 안기고도 여전했다. 아이를 가슴에 안은 엄마는 행여 또 사라질까 두려운지 두 팔에 힘을 가득 넣었다. 이윽고 흔들림 없던 소녀 아버지의 눈가에 미세한 떨림이 감지되었다.

"아빠가 미안해. 아빠가 미안해. 돌아왔으면 됐다."

평정심을 잃지 않았던 현장에서, 아버지의 먹먹한 눈물에 가슴이 아렸다.

5. 아비의 절규

　　한껏 늘어난 티셔츠의 목 테두리를 움켜쥐고 아래로 끌어내리는 기훈은 주변의 차가운 시선이 보이지 않는 듯 관심이 없다. 이미 늘어날 대로 늘어난 옷깃으로 불편함이 전혀 없어 보이는 나의 시선과 달리, 그저 낡은 천에 마음을 뺏긴 기훈의 시선은 오롯이 까끌까끌한 단면뿐이다. 그런 그 앞에, 중년 남성이 있다. 바로 기훈의 아버지다.

　단정한 남색 정장에 검은 구두, 반듯한 서류 가방이 지하철 역사 내 회색빛 바닥과 맞닿았다. 쉰을 훌쩍 넘긴 기훈의 아버지는 정갈한 외형에 비해 얼굴에는 수심이 가득하다. 그의 목을 감싸는 얇은 넥타이는 오늘 유난히 그를 아래로, 더 아래로 끌어내린다. 그의 목을 쪼여오는 검은 줄이 유독 야속하다. 이젠 편안할 법한 그에게 중년의 여유 따위는 없다.

"아버님, 여기 차갑습니다."

그의 팔을 단단히 여미며 바로 옆 의자로 끌어당겼다. 못 이기는 척 몸을 세운 그는 털썩 주저앉는 소리에 기대 목 놓아 울기 시작했다.

"부족한 내 새끼 놓고, 제가 어떻게 죽습니까……."

자폐성 장애와 지적장애를 동반한 기훈이는 어릴 적부터 목 주변 감각이 유별났다. 새 옷이 헌 옷이 되는 일은 다반사, 쭉쭉 잡아당긴 옷깃에 동반된 목 주변 상처는 늘 기훈 아버지의 마음에 날카롭게 다가왔다. 더 이상 보고 싶지 않은 그 흉터로, 그는 매일 기훈의 손을 붙잡아 설명했고 때론 움푹 팬 붉은 기운을 볼 때면 불같이 화를 내기도 했었다. 다행인 것은 기훈이가 천천히 성장하며 자신의 상황을 표현하기 시작했다는 것. '불편해'라고 말하는 기훈이 그저 고마웠던 아버지는, 즉각적으로 불편함을 제거하거나 대체 방안을 제시하며 도움을 주었다.

그러나 예상치 못한 일이 발생했다. 주간보호센터를 다니는 기훈은 집으로 돌아가기 위해 평소처럼 지하철에 올랐다.

자리에 앉아 창밖 너머를 바라보던 기훈은 순간 맞은편 여성에게 시선을 뺏기고 만다. 그녀를 한동안 바라보다 자리에서 일어난 그는 그녀의 목에 거친 손을 내밀었다. 그녀는 목을 따뜻하게 감싼 폴라티를 입고 있었다.

"불편해. 불편해. 벗어. 벗어."

기훈의 충동적 행동이 나온 찰나, 낯선 남성의 손길에 소스라치게 놀란 그녀는 비명을 질렀다. 112신고가 접수되었고 현장에 도착했을 때 마주한 광경은 눈물을 흘리는 피해 여성과 여러 명의 남성에게 제압된 기훈이었다.

발달장애인의 도전적 행동에 의한 112신고가 접수되는 경우가 있다. 그날의 신고처럼 '사회적 부적절한 행동'으로 인한 현장은 깊은숨이 먼저 나온다. 긴박한 상황에서 도움을 요청한 피해 여성과 부적절한 행동으로 피해를 발생시킨 피혐의자에게 현장 경찰관이 할 수 있는 일은 법의 테두리에서 옳고 그름을 판단하여 당면한 상황을 해결하는 단편적인 방안뿐, 장기적 관점에서 피해자와 피혐의자에게 적절한 대안을 제공했느냐고 묻는다면 선뜻 답하기 어렵다.

발달장애인이 강제추행으로 기소된 사건을 일례로 들면, 길에서 여고생 상반신을 만져 강제추행으로 인정된 경우와 달리, 엘리베이터 내에서 주민의 팔을 두세 차례 만져 강제추행으로 기소된 사건은 무죄가 선고되었다. 후자의 경우 발달장애인의 특성상 친밀감 표현으로 신체 접촉을 하는 경향이 있으며 피해자가 거부 의사를 밝혔을 때 즉시 중단한 것을 보아, 추행의 고의가 부정된다고 판시하였다.

　사회는 발달장애인이 성적 욕구가 없거나 오히려 지나치게 성에 집착한다는 편향된 시각으로 그들을 바라보고 있다. 발달장애인이 성범죄 피해자 또는 가해자가 되는 경우가 지속해서 발생함에도 이와 관련된 사후 절차(조력 절차)나 예방 교육은 여전히 부족하다.

　또한 유, 무죄 확정만큼 깊이 사료할 것이 있다. 바로 재범의 가능성이다. 발달장애인의 성범죄에 대한 재범률은 비장애인보다 3.5배 높다. 형사절차에 따른 처벌로는 재범을 방지하기 어렵기에, 타인의 의사에 반해 신체를 접촉한 명백한 법률위반 행위에 대해, 발달장애인 특성을 고려한 맞춤식 지원이 절실하다.

　현장에 도착한 기훈의 아버지는 놀라지 않았다. 그

의 모습이 이해되지 않았다. 오히려 뻔뻔하다고 생각했다. 이내 터벅터벅 걸어 들어와 아들 곁에 걸음을 세운 그는 아들을 멍하니 바라보다 손에 든 서류 가방과 함께 무너졌다. 이어진 절규에 가까운 울음은 걷잡을 수 없는 어깨의 흐느낌을 통해 주변을 압도했다. 그는 한동안 아무 말 없이 그저 울음만 채우고서야 이야기를 시작했다.

기훈은 이미 별건의 추행 사건으로 수사 중이었다. 그날의 도전행위가 처음이 아니었다. 기훈의 아버지가 현장에 도착했을 때 표정에 미동이 없던 이유를 그제야 깨달았다. 처음 일이 있었을 때, '다른 사람은 절대 만지면 안 된다.'고 기훈을 붙잡고 수없이 말했지만, 반향어인지 진심인지 알 수 없는 '네'라는 기훈의 대답은 안타깝게도 금방 잊혀지고, 그러기를 벌써 세 번째라고 그는 담담히 전했다.

"더 이상 방법이 없습니다. 저도 언젠가 죽는데, 삶을 마감하는 순간이 오는 것이 두렵습니다. 아들을 어찌 놓고 갑니까. 제발 도와주세요."

단지 자녀가 장애를 가졌다는 이유로 그의 삶은 송두리째 바뀌었다. 가족 중 누군가 장애가 있다면 가족구성원은 모든 것을 포기해야 하는 것일까. 심지어 죽음까지도. 이생을 떠나는 순간만이라도 편히 죽고 싶다는 그의 절규가 여전히 귓가에 맴돈다.

기훈의 아버지는 울음을 충분히 토해내고서야 자기 목을 감싼 넥타이를 움켜잡고 옆으로 당겼다. 그를 에워싸던 그 검은 줄이 느슨해지면서 그제야 깊은숨을 내쉬었다. 그럼에도 기훈은 여전히 옷깃을 놓지 못했다.

6. 매뉴얼이 있는데, 없습니다

　　　오늘도 현장에서 시후를 만난다. 자신의 불편함에 대해 경찰관에게 단어로 툭툭 내뱉는 대상자를 만날 때는 그저 고맙다. 그러나 현장은 말없이 무표정으로, 때론 절규에 가까운 울음으로 자신을 표하는 경우가 대다수이다. 그들을 대면할 때면 마치 수수께끼를 풀어가듯 그들의 모든 것을 세세히 살핀다. 그러나 꼭꼭 숨긴 수수께끼는 좀처럼 풀기 어렵다.

　2023년 여름 끝자락에 복직한 후, 발달장애인에 대한 업무 매뉴얼은 여러 차례 공지됐다. 발달장애를 겪는 시후 엄마인 나는 그 매뉴얼을 꼼꼼히 살핀다. 여기서 시선을 집중시키는 것은 점진적으로 인권 감수성을 내포한 지침으로 변화하고 있다는 것이다. 사실, 발달장애인은 보편화된 행동 양상이 있긴 하지만, '스펙트럼'이란 용어에서 알 수 있듯이 개개인의 행동 양상은 매우 다양하다. 그래서 가끔은 '매뉴얼'이라는 것이 알맞은가에 대해 고뇌하게 된다.

지난 1년 지역 경찰 업무를 하며 만난 발달장애인 관련 신고는 크게 세 가지로 나뉜다.

첫째, 실종신고
둘째, 장애의 고유한 특징에 의한 돌발행동
셋째, 고의 없는 불법행위

그럼 여기서 우린 그들을 어떻게 도와주며, 이런 위험을 어떻게 하면 미리 방지할 수 있을지를 고민해야 한다. 결론부터 이야기하자면, 보호자가 아닌 우리가 예견하고 방지하기는 어렵다. 다만 목전의 불편함은 이른 시일 내에 도움을 제공할 수 있다. 그러기 위해서 우리에게 가장 필요한 두 가지가 있다. 장애 여부 확인 및 대상자 정보 파악이다.

가장 중요한 것은 대상자의 장애 여부를 확인하는 것. 방향이 틀리면 속도가 의미가 없듯, 대상자가 발달장애인임에도 비장애인으로 오인하고 행한 절차는 그들의 요구와 다른 방향으로 전개된다. 그러나 현장에서 외형만으로 장애 여부를 파악하기는 쉽지 않다. 복지 카드를 소지하고 있거나 자신이 장애가 있음을 설명할 수 있으면 감사한 경우다. 대부분 그렇지 못하다. 따라서 보호자 또는 그들을 대변할 보호자 역할을 해줄 관계기관의 협조가 절실하다.

다음, 대상자가 발달장애인임이 확인되고 나서는 그에 따른 사전정보가 절실하다. 일례로, 치매 질환자에 대한 정책 중 '배회 가능 어르신 인식표'가 있다. 기본적 사항이 기재된 인식표를 대상자 옷 등에 부착하여 신속히 가정으로 복귀를 돕는 것이다. 같은 개념으로, 접근이 쉬운 QR코드가 떠올랐다. 대상자가 갖고 있는 제한적 관심사, 장애 성향에 따른 특징, 기본적인 인적 사항을 담아 QR코드로 제작하여 의류 택 등에 부착하여 활용해 보는 건 어떨까 사유해 본다.

그러나 여전히 두 요소에 대해 갈증이 존재한다. 자문을 얻을 관계기관은 여전히 적고, 현장에서 만나는 대상자들의 정보는 미비하다. 이 두 가지 요소가 충분해진다면 현장은 보다 적시에, 적절한 서비스가 제공될 것임을 확신한다.

현장에서 장애인을 전보다 쉽게 만난다. 물론 그 만남에는 불미스러운 일만 존재하진 않는다. 지적장애가 있는 진아 씨는 주기적으로 지구대를 방문해 따뜻한 커피믹스 한

잔을 요청한다. 또한 자폐성 장애가 있는 태준이는 지구대 앞을 서성이다 누군가를 발견하고 맑게 웃으며 지구대로 들어온다.

지난 여름 폭염을 탓하며 시원한 커피믹스를 요구하기도, 이미 해결된 지갑 분실 신고 건을 운운하며 지구대 민원실 대기석을 서성이는 그들이다. 늘 한결같이 커피를 전하는 김 순경과 태준이를 동생처럼 알뜰히 챙기는 이 경장의 이질감 없는 친절함에 그들은 이곳에서 기존과 다른 편안함을 느낀다.

전문가가 아닌 우린, 부족한 현장에서도 신속하게 그들의 요구를 충족시킨다. 그것이 가능한 것은 김 순경과 이 경장처럼 장애·비장애를 떠나, 마땅히 보장받을 권리를 채워주려는 노력이 있어서다. 우리의 임무에는 경계가 없다. 더욱이 매뉴얼이 있지만, 없다. 아니, 매뉴얼이 있지만, 필요 없다. 그저 사람과 사람 사이의 일인 것. 나는 오늘도 현장에서 배운다.

'돈'에 관심이 없던 시후가 돈의 가치를 지각하기 시작했다.

　"엄마 큰돈은 뭐야?"

　"큰돈? 1억? 1조?"

대답을 듣자마자 남편에게 달려간 시후는 우렁찬 목소리로
요구한다.

　"아빠!"

　"응?"

　"1조 주세요!"

　"1조 뭐 하려고?"

　"핸드폰 게임하려고요."

"아빠 1조 없어. 아빠도 1조 있었으면 좋겠다."

"그럼 1조 사주세요!"

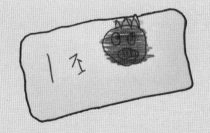

　　미국 질병통제예방센터의 발표에 의하면 세계적으로 빠르게 증가하는 진단명이 있다. 바로 유병률 36명당 한 명 꼴로 발생하는 자폐스펙트럼 장애다. 그 한 명이 바로, 나의 아들 시후다. 자폐스펙트럼의 주요 증상인 '의사소통의 어려움과 사회성 결여'는 우리 시후에게도 두드러지게 나타나는 증상이다. 그런데 이 녀석이 좀 별나다.

　　앞뒤 저울질 없이 머리에 떠오르는 생각 덩어리와 감정을 아낌없이 툭툭 내뱉는다. 상대의 농담과 진담을 구별하지 못해, 선생님이 농담으로 건넨 '시후야 선생님 오늘 바빠서 힘들었어.'라는 말에, 생글생글 웃으면 걸어와 포근히 안고 단조로운 리듬으로 말한다.

　　"시후가 안아 줄게요."

웃을 때 자취를 감춘 눈은 입꼬리와 만나, 선생님께 묵직한 감동을 선사하고는 한다. 발달은 느려도 마음은 느리지 않다. 남들은 이야기한다.

'시후 엄마, 치료 더 늘려야 해. 지금 투자한 금액이, 나중에 시후 사회성의 척도라니까.'

그럼에도 나는 지금 하는 치료에 더하지 않고 있다. 오히려 그 돈으로 시후와 경험을 쌓는 중이다. 몇 날을 기다려 시후가 좋아하는 영화를 보러 가고, 영화관에서 팝콘 사는 것만큼 중요한 극장 에티켓을 익히는데 무게를 둔다.

40분에 8만 원하는 치료 대신 키즈카페에 가고, 시후가 좋아하는 아이스크림을 먹는다. 키즈카페에서 일방적으로 즐기는 재미보다 또래와 질서를 지키며 함께 즐기는 것을 익힌다. 물론 아이스크림가게를 그냥 지나치기는 어렵다. 아이는 건네받은 신용카드로 키오스크를 통해 주문하는 법을 익힌다. 아이스크림을 받을 때 사장님께 인사하는 것도 잊지 않는다. 이미 매일 있는 치료에서 더 이상 횟수를 늘리지 않는다. 그저 나와 마주 보고 앉아 하얀 편지지에 주절주절 적은 마음을 담아, 아래층 형에게 전하고, 이모에게 글을 선물을 받는다. 이것이 시후가 사는 세상이다.

언젠가 시후는 홀로서기를 할 거다. 내 품을 떠나, 오롯이 시후의 삶을 사는 동안 맞이하는 다양한 감정들을 시후가 주변과 나눌 수 있다면 얼마나 행복할까. 생각만으로도 벌써 눈가에 그렁그렁 차오른다. 그래서 나는 치료실이란 테두리보다 지역사회 안에서 시후를 더 내보이고 다양한 사람들을 만날 수 있게 노력 중이다. 다소 낯선 발달장애인을 만나더라도, 한 걸음 물러서 이해라는 따뜻한 시선을 부탁드린다. 사람 사이의 교감은 꼭 언어로만 전달된다고 생각하지 않는다. 아이가 보내는 미소, 슬그머니 다가와 안기는 포옹(비언어적 의사소통), 서툴고 일방적이지만 써 내려간 편지와 일기 등 시후의 표현 방식을 통해 장애나 비장애가 아닌 사람과 사람 사이의 관계를 배운다. 지금도 어려움을 겪는 아이 곁에서 부단히 노력하는 부모님과 그 가족들에게 이 책이 위로와 힘이 되어 주었으면 좋겠다.

시후는 오늘도 내게 미숙한 단어의 나열로 다채로운 행복을 전한다.

"엄마 행복한 데이트 하자."

"행복한 데이트가 뭐야?"

"엄마랑 지하철도 타고 초코 아스크림도 먹고, 딸기 케이

크도 먹는 거야."

'행복'이라는 추상적 단어의 의미를 정확히 설명하지 못하는 시후는, 경험에 통한 즐거웠던 객관적 사실을 나열함으로써 그 끝에 맞이하는 간질간질한 기분을 '행복'이라 표현한다. 이것이 시후가 세상과 소통하는 방법이다. 그런데 한걸음 뒤로 물러나 생각해 보면 우리가 행복을 느끼는 방법과 다르지 않다. 다만, 우리와 속도의 차이가 있을 뿐이다.

행복한 데이트를 단조로운 억양과 드문드문 떠오르는 단어로 조합하여 만든 녀석은 문장 끝에 행복이라는 몽글한 기분이 가슴을 장악한 듯 해맑게 웃는다. 나는 시후의 느린 세상이 존중받기를 바라며 오늘도 시후의 속도를 따라 걸음을 맞춰 가는 중이다.

"사랑한다, 아들."